高瓦斯煤层群综采面瓦斯运移与控制

谢生荣　赵耀江　著

北　京
冶　金　工　业　出　版　社
2013

内容提要

本书采用现场调研、理论计算分析、数值模拟分析、相似模拟试验、现场试验与实测等多种方法对高瓦斯煤层群综采面瓦斯的运移规律及远距抽采技术进行了深入研究，内容主要包括：基于瓦斯涌出初速度法的综采面瓦斯涌出量预测模型的建立、采空区顶板覆岩采动裂隙分布的UDEC数值模拟确定、采空区三维瓦斯浓度场的CFD模拟与分析、可变通风系统的采空区流场模拟模型建立与通风系统优选以及大直径长钻孔群抽采机理与控制等。

本书可供从事采矿工程、安全工程等专业的科研人员、工程技术人员及生产管理人员使用，也可供高等院校相关专业的师生参考。

图书在版编目(CIP)数据

高瓦斯煤层群综采面瓦斯运移与控制/谢生荣，赵耀江著.
—北京：冶金工业出版社，2013.3
ISBN 978-7-5024-6205-5

Ⅰ.①高…　Ⅱ.①谢…　②赵…　Ⅲ.①瓦斯煤层—采空区—瓦斯治理　Ⅳ.①TD823.82

中国版本图书馆CIP数据核字(2013)第041321号

出 版 人　谭学余
地　　址　北京北河沿大街嵩祝院北巷39号，邮编100009
电　　话　(010)64027926　电子信箱　yjcbs@cnmip.com.cn
责任编辑　张耀辉　美术编辑　李　新　版式设计　孙跃红
责任校对　郑　娟　责任印制　牛晓波
ISBN 978-7-5024-6205-5
冶金工业出版社出版发行；各地新华书店经销；北京百善印刷厂印刷
2013年3月第1版，2013年3月第1次印刷
148mm×210mm；5.5印张；163千字；167页
26.00元

冶金工业出版社投稿电话：(010)64027932　投稿信箱：tougao@cnmip.com.cn
冶金工业出版社发行部　电话：(010)64044283　传真：(010)64027893
冶金书店　地址：北京东四西大街46号(100010)　电话：(010)65289081(兼传真)
(本书如有印装质量问题，本社发行部负责退换)

前　言

我国是世界上主要的煤炭生产和消费国，煤炭占我国一次能源构成的70%左右，以煤炭为主的能源格局在今后50年内不会发生根本改变。受煤炭资源赋存条件的限制，我国95%的煤矿开采是地下作业，且几乎所有的井工矿都是瓦斯矿井。由于煤层赋存条件复杂多变，重大瓦斯动力灾害（瓦斯煤尘爆炸、煤与瓦斯突出等）事故频繁发生，长期以来一直受到我国乃至全世界矿业界的关注和重视。随着矿井开采深度的增加和开采范围的扩大，煤炭资源开采的瓦斯地质条件越来越复杂，煤层瓦斯已成为制约矿井安全高效生产的关键因素；同时，瓦斯又是一种清洁、方便、高效的能源，如何将其安全抽采并加以利用，实现新能源供应、矿井安全生产和环境保护，一直以来都是广大科研工作者努力的方向和目标。

瓦斯治理是高瓦斯矿区实现安全高效开采的前提和基础，而瓦斯抽采和通风控制则是目前我国高瓦斯矿井消除瓦斯灾害较为经济可行的方法与技术手段。掌握不同源汇条件下采空区瓦斯运移规律是防治煤矿瓦斯灾害和保障安全生产的前提条件，尤其是高瓦斯近距离煤层群等复杂特困条件下的工作面采空区瓦斯运移及控制技术是矿业工程学科和煤矿安全领域的研究关键。由于煤层的采动会引起周围岩层产生“卸压增透”效应，即引起周围岩层地应力封闭的破坏、层间岩层封闭的破坏以及地质构造封闭的破坏，三者综合导致围岩及其煤层的透气性系数大幅度增加，从而为高产高效地抽采瓦斯提供了可能。

本书深入研究了高瓦斯煤层群综采面瓦斯运移场及远距抽采

技术，构建了沙曲矿煤与瓦斯双能源科学开采的技术框架，促进了瓦斯防治领域的科技进步。书中研究工作的价值及创新点主要体现在以下几个方面：

(1) 建立了采空区瓦斯运移规律的三维CFD模型，研究了采空区沿工作面走向方向、倾斜方向及垂直方向的瓦斯浓度分布规律；建立了综采面可变可调通风系统的采空区瓦斯运移规律的相似材料模拟模型，直观显示了采空区瓦斯运移的轨迹，为综采面通风系统的确定补充了有效途径。

(2) 提出了能有效控制高瓦斯煤层群开采的“U+I+L”型通风系统，阐述了其对采空区气体流动的控制机理，并进一步提出采用顶板千米长大直径高抽钻孔群（成圆周布置）替代高抽巷，并与顶板裂隙钻孔群（水平单排布置）相结合共同抽采采空区瓦斯。

(3) 建立了采动裂隙区垂直平面上高抽钻孔群和裂隙钻孔群抽采瓦斯的渗流模型，并结合数值模拟结果及现场实际情况，确定了沙曲矿千米长大直径高抽钻孔群和裂隙钻孔群的布置参数。

本书的撰写和出版得到了中央高校基本科研业务费专项资金(2010QZ06）的资助，书中所述的采空区瓦斯运移规律的相似模拟试验研究得到了“教育部特色专业建设项目（TS2112)”的资助；撰写时参阅了相关专家、学者的大量文献，在此一并表示感谢！

由于作者水平所限，书中不当之处，恳请读者批评指正。

作　者

2013年1月

目　录

1 绪　论

1.1 课题的提出

受煤炭资源赋存条件的限制和影响，我国几乎所有的井工矿都是瓦斯矿井。在原国有重点煤矿620处矿井中，高瓦斯矿井、煤与瓦斯突出矿井有285处，占总数的45.97%[1]。我国95%的煤矿是地下作业，由于煤层赋存条件复杂多变，重大瓦斯动力灾害（瓦斯煤尘爆炸、煤与瓦斯突出等）事故频繁发生。表1-1是1949~2011年我国煤矿一次死亡100人以上特大事故统计表[2]，数据表明，自新中国成立以来我国煤矿发生一次死亡百人以上的事故共24起，死亡3781人，其中瓦斯（煤尘）爆炸事故22起，死亡3550人，分别占煤矿事故起数与死亡人数的91.7%和93.9%。因此，长期以来矿井瓦斯灾害一直受到我国乃至全世界矿业界的关注和重视。据我国历年煤矿事故统计资料，在煤矿各类事故中，瓦斯事故死亡人数在事故总死亡人数中所占比重最大，远高于其他事故的死亡人数。例如2007年我国煤矿事故死亡共计3786人，一次死亡3人及以上的事故共发生149起，死亡1162人[3]，而表1-2数据表明，2007年我国煤矿的主要事故为瓦斯爆炸事故，发生70起，死亡687人，占59.12%；一次死亡10人以上的特大事故共发生24起，其中瓦斯爆炸事故发生15次，占62.5%；一次死亡30人以上的特别重大事故共发生4起，全部为瓦斯爆炸事故。上述一系列数据表明，无论从瓦斯灾害事故的频发程度还是从一次死亡人数和总死亡人数上来看，矿井瓦斯灾害都是煤矿安全生产的大敌。频发的矿井瓦斯灾害严重威胁着矿井工作人员的生命安全，制约着矿井生产的发展，给煤炭企业带来了沉重的经济负担。同时，煤矿瓦斯灾害的发生还极大地限制了矿井机械化设备效能的发挥，降低了生产效率，造成每年数百亿元的间接经济损失。矿井瓦斯灾害具有的破坏程度大、人员伤亡多、经济损失严重及社会负面影响大等特点，使得矿井瓦斯灾害成为制约煤矿安全生产的主要矛盾。不把瓦斯事故控制住，就不能实现全国煤炭安全生产状况的稳定好转，也无法保证煤炭工业的持续健康发展。

表 1-1 1949～2011 年我国煤矿一次死亡 100 人以上特大事故统计表

序号	时 间	单位与地点	事故类型	死亡人数
1	1950-02-27	河南省宜洛煤矿老李沟井	瓦斯爆炸	187
2	1954-12-06	内蒙古大发煤矿	瓦斯煤尘爆炸	104
3	1960-05-09	山西大同矿务局老白洞煤矿	煤尘爆炸	684
4	1960-05-14	四川重庆松藻矿务局松藻二井	煤与瓦斯突出	125
5	1960-11-28	河南平顶山矿务局龙山庙煤矿	瓦斯煤尘爆炸	187
6	1960-12-15	四川重庆中梁山煤矿南井	瓦斯煤尘爆炸	124
7	1961-03-16	辽宁抚顺矿务局胜利煤矿	电气火灾	110
8	1968-10-24	山东新汶矿务局华丰煤矿	煤尘爆炸	108
9	1969-04-04	山东新汶矿务局潘西煤矿二号井	煤尘爆炸	115
10	1975-05-11	陕西铜川矿务局焦坪煤矿前卫斜井	瓦斯煤尘爆炸	101
11	1977-02-24	江西丰城矿务局坪湖煤矿	瓦斯爆炸	114
12	1981-12-24	河南平顶山矿务局五矿	瓦斯煤尘爆炸	133
13	1991-04-21	山西省洪洞县三交河煤矿	瓦斯煤尘爆炸	147
14	1996-11-27	山西省大同市新荣区郭家窑乡东村煤矿	瓦斯煤尘爆炸	114
15	2000-09-27	贵州省水城矿务局木冲沟煤矿	瓦斯爆炸	163
16	2002-06-20	黑龙江鸡西矿业集团城子河煤矿	瓦斯爆炸	124
17	2004-10-20	河南省大平煤矿	瓦斯爆炸	148
18	2004-11-28	陕西省铜川矿务局陈家山煤矿	瓦斯爆炸	166
19	2005-02-14	辽宁省阜新煤业集团孙家湾煤矿海州立井	瓦斯爆炸	214
20	2005-08-07	广东省梅州兴宁市黄槐镇大兴煤矿	透水事故	121
21	2005-11-27	黑龙江龙煤集团七台河分公司东风矿	煤尘爆炸	171
22	2005-12-07	河北省唐山市开平区刘官屯煤矿	瓦斯爆炸	108
23	2007-12-05	山西省临汾市洪洞县瑞之源煤业有限公司	瓦斯爆炸	105
24	2009-11-21	黑龙江龙煤集团鹤岗分公司新兴煤矿	瓦斯爆炸	108
合 计				3781

表 1-2　2007 年我国煤矿重特大事故分类表

事故类别	一次死亡 3~9 人		一次死亡 10~29 人		一次死亡 30 人以上		死亡人数小计	死亡人数所占比例/%
	次数	人数	次数	人数	次数	人数		
瓦斯事故	51	266	15	220	4	201	687	59.12
透水事故	20	118	5	95	0	0	213	18.33
顶板事故	24	87	0	0	0	0	87	7.49
火灾事故	4	25	2	42	0	0	67	5.76
坍塌事故	8	36	1	13	0	0	49	4.22
跑车事故	6	23	0	0	0	0	23	1.98
其他事故	8	22	1	14	0	0	36	3.10
合　计	121	577	24	384	4	201	1162	100

矿井瓦斯的另一个问题是其排放造成了严重的环境影响。随着世界各国工业的不断发展，大气污染越来越严重，人类生存受到了严重威胁，温室效应也不断加剧。我国煤矿每年有将近 $90 \times 10^8 m^3$ 以上的矿井瓦斯被排入大气中，占世界采煤排放甲烷（瓦斯的主要组成成分）数量的 1/3~1/2。甲烷是具有强烈温室效应的气体，其温室效应比二氧化碳大 20 倍以上。在各种温室效应气体对全球气候的变暖影响中，甲烷约占 15%，而煤炭工业排放的甲烷约占人类所排放甲烷量的 10%，其影响不可忽视[4,5]。

一方面，矿井瓦斯已成为制约矿井安全高效生产的关键因素，并污染着人类的生存环境；另一方面，瓦斯又是经济的可燃气体，是一种清洁、方便、高效的能源，其发热量值为 $33.5 \sim 36.8 MJ/m^3$，且燃烧的热效率比煤燃烧的热效率高。瓦斯除作民用燃料外，还可作为化工原料生产氨气、化肥和炭黑等[6]。我国埋深在 2000m 以内的煤层瓦斯储量为 $(32 \sim 35) \times 10^{12} m^3$，几乎与常规天然气资源量相当[7]。因此，大力开发煤层气（煤层瓦斯），既可以充分利用地下资源，又可以改善矿井安全生产条件和提高经济效益，并有利于改善地方环境质量和全球大气环境。美国和澳大利亚的实践表明，只要政府对这种产业给予政策扶持，煤层气开发利用不仅能给社会提供一种优质能源和化工原料，而且能极大地降低煤矿开采的瓦斯排放量，减少大气污染，降低矿井通风的能量消耗，为煤层气开发和煤炭开采带来显著的经济效益，为社会提供更多的就业机会，并带动相关产业的发展[8]。因此，如何更有效地开发和利用煤层气，实现煤与瓦斯两种资源的安全高效共采，成为我国煤炭工业发展中亟待解决的重大问题。

近年来，随着我国经济的飞速发展和煤炭价格的上升，煤炭企业不但更加重视瓦斯事故带来的危害性，而且还积极落实在行动上，加大了瓦斯治理力度，增加了瓦斯治理费用，然而这并未能消除重特大瓦斯事故的发生。表 1-1 数据显示，我国煤矿 2000 ~ 2007 年发生一次死亡 100 人以上的事故共 9 起，死亡 1320 人，其中瓦斯爆炸事故 7 起，死亡 1028 人，占 1949 ~ 2007 年一次死亡 100 人以上的事故总人数的 30.0%。这说明煤矿企业瓦斯爆炸事故仍然频繁发生，未因瓦斯治理力度的加大而显著减少，究其主要原因，一方面是煤炭企业瓦斯治理设备的更新和瓦斯治理技术的发展滞后于煤炭产量的快速增长；另一方面是我国煤矿开采范围的扩大和开采深度的增加，使得瓦斯含量高、瓦斯赋存不稳定等恶劣赋存条件的煤炭资源摆在了煤炭开采者们的前面，加大了瓦斯灾害治理的难度。另外，高产高效矿井的集中生产和综采工艺的应用，更加大了矿井通风、瓦斯治理和防火综合治理的难度，增大瓦斯灾害事故发生的概率。我国煤炭行业的众多科研工作者一直以来都很重视矿井瓦斯灾害防治，从理论到实践均进行了不懈的努力和探索，并随着煤炭企业形势的发展，对高瓦斯矿井的瓦斯综合治理技术以及复杂地质条件下的瓦斯抽采技术开展了广泛的研究，并取得了一定的研究成果，为我国煤炭工业的稳定、持续、健康发展发挥了重要作用。

本课题来源于山西省华晋焦煤有限责任公司科学技术研究与发展计划项目“沙曲矿瓦斯综合治理技术的研究”。课题以沙曲矿为背景，对其综采面瓦斯运移规律进行研究，并在此基础上，结合从德国引进的 DDR-1200 定向钻机，开展顶板千米长大直径钻孔瓦斯抽采技术研究。沙曲矿作为优质焦煤生产基地，井田范围大，地质条件复杂，煤层赋存呈现多煤层、近距离、高瓦斯等特点，对开采十分不利，根据地质勘探报告、矿井瓦斯等级鉴定报告、煤与瓦斯突出鉴定报告，沙曲矿属高瓦斯且具有煤与瓦斯突出危险的矿井，突出类型为倾出。沙曲矿煤层瓦斯含量、工作面瓦斯涌出量在国内也是较少见的，同时还伴有瓦斯动力现象，现有抽放形式在一定程度上缓解了综采工作面的瓦斯超限和局部区域瓦斯积聚，但未能有效解决瓦斯超限难题。在一些区域，采煤机连续割煤 30 ~ 40min，工作面瓦斯浓度就会超限，形成断电，造成工作面采煤机割割停停，工作面不能正常生产，也给工作面的安全生产造成严重威胁。因此，瓦斯是制约生产和威胁沙曲矿矿井安全的主要因素。沙曲矿煤质好，是世界上少有的优质焦煤，在目前煤炭产业形势较好的条件下，若瓦斯防治难题不能有效解决，将不利于企业的进一步发展和壮大，不利于职工待遇和生活水平的进一步提高，为此该公司已多次立项进行瓦斯运移规律及瓦斯抽放工艺优化的研究，并已取得初步效果，不过仍没有完全解决该矿生产过程中遇到的难题，因而需要对煤层瓦斯赋存情况、瓦斯涌出情况做进一步的观测，对工作面瓦斯运移规律进行进一步的深入研究，以期对工作面瓦斯来源及涌出量做详细而准确的预测预报，进而提出更加可行、可靠、经济适用的瓦斯防治技术。

1.2 研究现状与文献综述

与世界先进采煤国家相比，我国煤矿安全技术起步较晚，但是煤矿安全技术的研究一直受到国家和行业的高度重视。多年来，通过我国煤炭行业科技工作者的艰苦努力，我国煤矿安全技术进步迅速，在煤层瓦斯流动、瓦斯抽放理论及技术、煤与瓦斯突出预测及防治、煤矿瓦斯灾害预防和瓦斯利用等方面均取得了一定的成绩。尤其近年来在国家和行业主管部门的大力支持下，生产、科研部门与高等院校相结合的队伍通过联合攻关，取得了一大批的科研成果，在瓦斯综合治理方面也取得了重大进展。

1.2.1 瓦斯流动理论的国内外研究现状

煤层瓦斯流动理论研究的主要目的是在于阐明煤层瓦斯流动的

本质，解释矿井中各种瓦斯涌出的现象和本质。矿井瓦斯涌出直接影响矿井的安全高效生产，因此，掌握煤层中瓦斯解吸及涌出的规律，可以预测采动后瓦斯的涌出量，并采取必要的和适合的防治措施，而这些工作的基础都要涉及瓦斯在煤层中的流动理论。因此，瓦斯流动理论的研究，不但为煤矿瓦斯抽放的实践提供了理论依据，而且为矿井瓦斯的综合治理提出改进方向，并促使煤矿瓦斯抽放在技术上实现不断地完善和进步。

煤层瓦斯流动是一个复杂的运动过程，它与介质的结构和瓦斯赋存形式密切相关。目前，国内外学者对煤层瓦斯流动理论的研究主要集中在四个方面：①扩散理论；②渗流理论；③煤层瓦斯渗流-扩散理论；④多物理场、多相煤岩瓦斯耦合理论[2,9~11]。

1.2.1.1 扩散理论

人们在实验室研究煤矿瓦斯涌出规律、预测煤层瓦斯含量及煤粒瓦斯吸附放散时引用菲克定律（Fick's law)。根据分子扩散理论，在扩散体系中流体分子由高浓度向低浓度运动，流体的扩散速度与流体的浓度梯度呈线性正比关系。国外学者从20世纪50年代开始对煤粒瓦斯扩散理论进行研究，建立了第一类边界条件下气体在多孔介质中的解吸扩散数学模型，并求出了解析解；同时结合具体煤样的试验研究，对解析解进行修正，给出了许多煤粒瓦斯放散与时间关系的半经验或试验关系式[12~17]。

在国内，对煤屑中瓦斯扩散规律的研究，主要以杨其銮、王佑安等人为代表，他们认为，各种采掘工艺条件下采落煤的瓦斯涌出、突出发展过程中已破碎煤的瓦斯涌出、在预测瓦斯含量和突出危险性时所用煤钻屑的瓦斯涌出等问题，皆可归结为煤屑中瓦斯的扩散问题。1980年王佑安和杨思敬详细分析了煤的孔隙结构、瓦斯解吸速度与煤的突出危险关系[18]。1981年，王佑安与朴春杰提出了确定煤层瓦斯含量的煤解吸瓦斯速度法[19]，并于1982年给出用煤的解吸指标作为煤层突出危险性的判据[20]。

1986年，杨其銮与王佑安系统地建立了煤粒瓦斯扩散的微分方程，求出了第一类边界条件下的解析解[21,22]，并从扩散理论系统论述了煤层瓦斯涌出、突出规律，提出了极限煤粒假说。1988 年，他们把扩散理论应用到煤层瓦斯的流动中，针对掘进巷道瓦斯的涌出提出了煤层球向瓦斯扩散运动的数学模型[23]。另外，聂百胜、何学秋等人根据气体在多孔介质中的扩散模式[24,25]，结合煤结构的实际特点，研究了瓦斯气体在煤孔隙中的扩散机理和扩散模式；郭勇义、吴世跃研究了煤粒瓦斯扩散规律及扩散系数测定方法，并依据第三类边界条件煤粒瓦斯扩散传质的理论，提出了一种预测煤和瓦斯突出的新指标[26,27]。

1.2.1.2 渗流理论

渗流理论目前是国内外指导煤矿瓦斯防治工作的主要理论。

A 线性瓦斯渗流理论

线性渗流理论认为，多孔介质内流体的运动符合线性渗透定律——达西定律（Darcy's law)。达西定律是法国水利工程师达西于 1856 年在做把水压过填满砂粒管子的试验时发现的，试验表明水通过砂粒的渗流速度与压力梯度呈正比。此后达西定律首先在水利工程、环境净化工程以及地下水资源开采中得到应用；20 世纪初，随着石油与天然气工业的发展，又逐渐形成了石油天然气渗流理论；从 20 世纪 40 年代起，线性渗流理论开始广泛应用于预测煤矿瓦斯涌出、煤与瓦斯突出和矿井涌水；而目前在将达西定律应用在各行各业的过程中，已对其进行了各种各样的修正。

1923 年太沙基（Terzaghi）提出了有效应力计算公式[28]，揭开了渗流力学和固体力学相互关系研究的新篇章，并形成一门新的学科——流固耦合力学，目前对其研究仍然方兴未艾。20 世纪 40 年代，苏联学者应用达西定律来描述煤层内瓦斯的运动，得出了考虑瓦斯吸附性质的瓦斯渗流规律[29,30]，由此为煤岩瓦斯渗流理论的发展奠定了基础。

我国学者在煤层瓦斯流动理论的研究方面也做了许多开创性工作。以周世宁院士为首的学者群，在主要继承前苏联学者研究成果的基础上，针对我国煤层瓦斯流动理论和煤矿瓦斯灾害防治做了一系列的奠基性和创新性研究工作，他们的研究成果对我国煤矿瓦斯灾害的防治工作具有深远的影响。

1965年，周世宁院士从渗流力学角度出发，把多孔介质的煤层视为一种大尺度上均匀分布的虚拟连续介质，在我国首次提出了基于达西定律的线性瓦斯流动理论[31~33]，奠定了我国瓦斯研究的理论基础；同时在总结前期大量实测工作成果的基础上，研究了煤层瓦斯含量和煤层透气性系数的测试方法，并与原苏联的方法进行了比较[34~36]；其创建的“钻孔流量法”测定煤层透气系数的新技术，已被广泛应用于我国煤矿开采中，并成为测定煤层透气系数的标准方法。此后，郭勇义结合相似理论[37]，就一维情况研究了瓦斯渗流方程的完全解，并指出周世宁关于瓦斯含量与孔隙压力之间抛物线关系式的近似性，同时采用朗格缪尔（Langmuio）方程来描述瓦斯的等温吸附量，提出了修正的瓦斯流动方程式。1986年，谭学术利用瓦斯真实气体状态方程，提出了修正的矿井煤层真实瓦斯渗流方程[38]。

以鲜学福院士为首的学术群，除了在前述煤的物理化学结构方面做了大量的有创造性的工作外，在煤层瓦斯渗流理论方面也做了大量的研究工作。1988年，魏晓林求出了单孔无限圆径向流场瓦斯压力分布式[39]，提出用无限流场单一钻孔总流量计算煤层平均透气系数的新方法，并在煤矿现场取得了成功应用。1989年余楚新、鲜学福在假设煤体瓦斯吸附与解吸过程完全可逆的条件下，建立了煤层瓦斯流动理论以及渗流控制方程[40]。孙培德基于前人的研究成果，修正和完善了均质煤层的瓦斯流动数学模型[41,42]，同时，孙培德、张广祥等人还发展了以达西定律为基础的非均质煤层的瓦斯流动数学模型[43,44]；依据日本学者提出的渗流幂定律（power law）比达西定律更符合煤层瓦斯流动的规律，建立了非线性瓦斯流动模型，并结合实际与各种渗流模型进行了计算比较，认为该模型比其他模型更符合实际[45]。此后，孙培德应用统计热力学与量子化学的理论，结合实验量化计算结果，得出真实瓦斯气体状态的经验方程，更客观地反映了煤层内游离瓦斯的状态[46]。

近年来，以孙广忠教授为首的学科组应用达西渗流定律，讨论了因突出而形成的瓦斯粉煤两相流流动过程，提出“煤-瓦斯介质力学”的观点，并对煤-瓦斯介质的变形、渗透率、强度等力学特性进行了系统研究[47]。

自20世纪80年代初以来，随着计算机应用的普及和计算技术的日益发展，应用计算机研究瓦斯流场内压力分布及其流动变化规律已成为可能，这也是瓦斯渗流力学的研究手段不断实现现代化的主流方面。20世纪80年代初，广东省煤炭研究所和抚顺煤炭科研所合作，应用计算机并结合煤矿实际问题，用有限差分法，首次对瓦斯流场中压力分布及其流量变化实现了数值模拟，较成功地预测了瓦斯流场内的瓦斯压力变化规律。

B 非线性瓦斯渗流理论

国外许多学者针对达西定律是否完全适用于瓦斯在煤体中的运移问题，开展了大量的实验及理论研究，归纳出达西定律偏离的原因为[47]：①流量过大；②分子效应；③离子效应；④瓦斯的吸附。

著名的流体力学家 E. M. Allen 在将达西定律用于描述均匀固体物（煤样）中涌出瓦斯试验中得出的结果与实测不符[12]，证明了瓦斯在煤岩体中的渗流存在非线性关系。随后，国内外许多学者提出了更为符合瓦斯流动规律的非线性渗流定律表达式，这些表达式可分为四类：①二次式；②幂式；③曲线式；④统计表达式。这一系列的非线性渗流定律表达式在煤层瓦斯运移规律研究中得到了多方面的应用。

国内学者在非线性瓦斯理论研究方面作出了较突出的贡献。如1987年，孙培德根据幂定律的推广形式，在均质煤层和非均质煤层条件下，建立了可压缩性气体在煤层内流动的数学模型——非线性瓦斯流动模型[48]，并以焦作矿务局马村矿的实测瓦斯流动参数为依据，对均质瓦斯流场的压力分布作出了三类不同模型的数值模拟，得出非线性瓦斯流动模型比线性瓦斯流动更符合实际情况。1991年罗新荣提出了煤层瓦斯运移物理模型，并在进一步理论分析和试验的基础上提出了基于克林伯格（Klinkenberg）效应的修正达西定律——非线性瓦斯渗流规律[49]，并建立了相应的瓦斯流动模型；指出达西定律的适用范围之后，罗新荣又建立了非均质可压密煤层瓦斯运移和数值模拟方程[50,51]，得到了煤层瓦斯压力分布曲线和煤

(孔）壁瓦斯涌出衰减曲线方程。有关学者对幂定律和达西定律做了进一步的数值模拟和分析后，对前一结论提出质疑。实际上经初步实测验证表明，非线性瓦斯流动模型比国内外四类典型的流动模型更符合实际，也取得了很好的应用效果，但仍需进一步的完善和发展。

1.2.1.3 煤层瓦斯渗流-扩散理论

随着瓦斯运移规律研究的深入，国内外大多数专家学者认为瓦斯在煤层内的流动是渗流和扩散两种运动的混合，即煤层瓦斯渗流-扩散理论。在 1987 年，A. Saghfi（法国）和 R. J. William（澳大利亚）发表的《煤层瓦斯流动的计算机模拟及其在预测瓦斯涌出和抽采瓦斯中的应用》一文是国际采矿界在瓦斯渗流力学研究领域取得的重要成果之一[52]。该论文指出，煤层中瓦斯的流动状况取决于于其内瓦斯的渗透率和介质的扩散性，并从渗流、扩散力学角度出发，依据达西定律和菲克定律，耦合成瓦斯渗流-扩散的流动方程，并结合边值条件，提出了瓦斯渗流-扩散的动力模型。另外，该论文在煤层气透气系数与地应力和孔隙压关系研究的基础上，以变透气系数为基础，成功地进行了数值模拟。1988 年美国矿业局在汇总其过去 20 年瓦斯控制研究成果时把煤层内瓦斯运动视为一个连续的两步过程：第一步，瓦斯以菲克扩散定律的形式从煤粒中扩散到裂隙中；第二步，瓦斯以达西定律的形式通过裂隙渗流到矿井巷道中。

国内学者孙培德指出煤层内瓦斯流动实质是在非均质的各向异性孔隙-裂隙双重介质中的可压缩流体渗流-扩散的非稳定的混合流动[48]。1990 年，周世宁院士按照煤层内瓦斯移动的两个过程建立并数值求解了煤层瓦斯扩散渗流的微分方程[53]，得到了与天然气扩散渗流[54]不同的结论，即扩散影响可以忽略，从实际角度出发，用达西定律研究煤层瓦斯流动是完全可以的。吴世跃、郭勇义依据第三类边界传质的原理，建立了扩散渗流的微分方程组，并讨论了反映煤层气扩散渗流特征参数的测试原理[55,56]。段三明、聂百胜借助传热学、传质学，以扩散、渗流理论为基础，对瓦斯的解吸过程进行了理论推导，建立瓦斯扩散-渗流方程并进行了计算机模拟[57]。1999

年，周世宁和林柏泉基于以前的研究成果合著了《煤层瓦斯赋存与流动理论》[58]一书，系统阐述了煤层瓦斯渗流-扩散理论，是我国对此理论研究的代表作之一。2003 年，赵阳升采用基于孔隙-裂隙二重介质的高低渗流理论研究了煤层瓦斯渗流问题[59]。

1.2.1.4 多物理场、多相煤岩瓦斯耦合理论

随着对瓦斯流动机理研究的深化，许多学者认识到地应力场、地温场及地电场等对瓦斯流动场的作用和影响；围绕着煤体孔隙压力与围岩应力对煤岩体渗透系数的影响，以及对渗流定律——达西定律的各种修正，建立和发展了固气耦合作用的瓦斯流动模型及其数值方法，这是近年来国内外许多学者竞相研究的热点。

在国外，W. H. Somerton 研究了裂纹煤体在三轴应力（σ_1，$\sigma_2=\sigma_3$）作用下氮气及甲烷气体的渗透性[60]，得出了煤样渗透性敏感地依赖于作用应力，而且与应力史有关等结论，并指出，随着地应力的增加，煤层透气率按指数关系减小。S. Harpalani 深入研究了受载条件下含瓦斯煤样的渗透特征[61]。S. Harpalani、V. V. Khodot 等学者在实验条件下，研究了地球物理场中含气煤样的力学性质以及煤岩体与瓦斯渗流之间的固气力学效应[62,63]。Enever 等人通过研究澳大利亚含瓦斯煤层的渗透性与有效应力之间的相互影响得出，煤层渗透率变化与地应力变化为指数关系[64]。

在国内，自 20 世纪 80 年代以来，我国学者也对含气煤体的变形规律、煤样透气率与等围压或孔隙压力之间的变化关系、含气煤的力学性质以及含气煤的流变特性等进行了系列研究[65~70]，为我国深入发展多物理场、多相煤岩瓦斯流动理论提供了基本依据。20 世纪 90 年代初，在国家自然科学基金资助下，鲜学福、余楚新首次深入地研究了地电场（直流电）对瓦斯流场渗流的作用和影响，修正了达西定律，提出了地应力场、地电场和地温场对瓦斯流场作用下的渗流基本规律，进而建立起瓦斯渗流的数学模型[71,72]。曹树刚，鲜学福在分析煤层瓦斯流动特性的基础上，提出原煤吸附瓦斯贡献系数，建立了煤层瓦斯流动的质量守恒方程；并基于煤岩流变力学实验，提出讨论煤岩流变力学性质的广义弹黏塑性组合模型，建立

了可用来研究煤与瓦斯延迟突出机理的含瓦斯煤的固-气耦合数学模型[73]。1994 年，赵阳升基于前人的研究工作，提出了煤层瓦斯流动的固结数学模型，系统地完善了均质煤体固气耦合数学模型及其数值解法[74~76]，并基于岩体基质岩块与裂缝变形、气体渗流及相互作用的物理机制，研究了块裂介质岩体变形与气体耦合的数学模型及其数值解法[59,77]。赵阳升、胡耀青等人研究了气液二相流体在裂缝渗流的模拟实验，揭示了二相流体在裂缝渗流中，水（气）相对饱和度对水（气）相对渗透性影响的规律[78]。

梁冰、章梦涛提出瓦斯流动可以看做是可变形固体骨架中可压缩流体的流动[79]，得到了采动影响下煤岩层瓦斯流动的耦合数学模型，并研究了大同二矿 7 号煤层开采对邻近层卸压后瓦斯向开采层采空区流动状况。从 1995 年以后，基于塑性力学的内变量理论，以含瓦斯煤力学为基础，研究了煤与瓦斯的耦合作用对煤与瓦斯突出的影响及突出发生的失稳机理，提出煤与瓦斯突出的固流耦合失稳理论，进一步发展了瓦斯突出的固气耦合数学模型[80~83]。梁冰、刘建军等人根据瓦斯的吸附规律和煤与瓦斯固气耦合作用的机理，建立了考虑温度场、应力场和渗流场的固气耦合数学模型[84,85]，并对不同温度下煤岩应力和瓦斯压力的分布规律进行了数值模拟计算。2001 年，孙可明、梁冰、王锦山在基于气溶于水的条件下[86]，建立了煤层气开采过程中的煤岩骨架变形场和渗流场以及物性参数间耦合作用的多相流体流固耦合渗流模型；之后又建立了考虑解吸、扩散过程的煤岩体变形场与气、水两相流渗流场的多相流固耦合模型并进行了数值模拟[87]，通过与矿井资料的实际数据对比，表明流固耦合模型比较接近实际。

孙培德基于煤岩介质变形与煤层气越流之间存在着相互作用，提出了双煤层气越流的固气耦合数学模型[88]，并通过实测和数值模拟验证了该理论是符合实际生产的。李树刚在采场卸压瓦斯的运移规律明显受矿山压力影响的认识基础上[89,90]，将煤岩体看做可变形介质，研究了综放开采矿山压力下，煤岩体变形对瓦斯运移的影响规律，为有效防治综放开采工作面瓦斯事故和合理抽取并利用瓦斯资源提供了理论依据。梁运培等人运用达西定律、理想气体状态方程以及连续性方程等[91]，建立和求解了邻近层卸压瓦斯越流的动力学模型，分析了邻近层卸压瓦斯的越流规律，并在阳泉一矿采用岩石水平长钻孔进行了邻近层瓦斯的抽采工作[92]。丁继辉、赵国景等人基于多相介质力学，从热力学第二定律出发，以应力的二阶功最小作为突出发生的准则，建立了煤与瓦斯突出的固流两相介质耦合失稳的数学模型及有限元方程，并进行了数值模拟[93,94]。刘建军利用流体力学、岩石力学和传热学理论，给出了考虑温度场、渗流场和变形场作用下的煤层气-水两相流体渗流理论[95]，并通过数值模拟的方法，研究了温度效应对煤层气开发的影响。骆祖江、陈艺南等人系统地论述了气、水二相渗流耦合模型的全隐式联立求解的方法与原理[96]，并将该法应用于沁水盆地3号煤层气井气、水产量的预测中，收到了良好的效果。林良俊、马凤山建立了气、水二相流和煤岩变形的微分方程[97]，并用有限元分别将它们进行离散化，对煤岩变形模型和气-水二相流耦合模型及数值解法进行了讨论。

综上所述，从20世纪80年代至今，创建和发展多物理场、多相煤岩瓦斯渗流理论是国内外学者竞相研究的热点，也是当代瓦斯渗流力学发展的重大进展之一。根据流体-岩石的相互作用去认识煤层内瓦斯运移的机制，充分发展考虑地应力场、地温场及地电场等地球物理场作用下的瓦斯流动模型及其数值方法，尤其要注重发展可变形的块裂-孔隙介质的气液固耦合模型及其数值方法，使物理模型更能反映客观事实，可进一步完善理论模型及测试技术。

1.2.1.5 采动裂隙带瓦斯运移规律

在煤层开采过程中，因采动卸压作用，处于卸压范围内的围岩，将通过采动裂隙网络与开采层的采空区相连通，于是就形成了采动裂隙带，这是煤矿瓦斯抽采的重点区域。近年来，一批煤炭行业科研工作者致力于研究其中的瓦斯运移规律，进而布置合理的煤层气开采系统，为煤与瓦斯安全共采的理论研究和实践方法提供了借鉴基础。

A 瓦斯动力弥散规律

对于瓦斯动力弥散规律的研究，多数学者将瓦斯在采空区冒落带中的运移规律视为瓦斯在多孔介质中的动力弥散过程。章梦涛等人所著的《煤岩流体力学》对瓦斯在采空区的动力弥散方程进行了推导，介绍了流体动力弥散方程在一些特殊情况下的解析解，并给出一些具体实例说明其用处[98]。蒋曙光、张人伟将瓦斯-空气混合气体在采空区中的流动视为在多孔介质中的渗流，并应用多孔介质流体动力学理论建立了综放采场三维渗流场的数学模型，并采用上浮加权多单元均衡法对气体流动模型进行了数值解算[99]。丁广骧、柏发松考虑因瓦斯-空气混合气体密度的不均匀及重力作用下的上浮因素，建立了三维采空区内变密度混合气非线性渗流及扩散运动的基本方程组，并应用 Galerkin 有限元法和上浮加权技术对该方程组的相容耦合方程组进行了求解[100]。随后，丁广骧所著的《矿井大气与瓦斯三维流动》根据理论流体力学、传质学、多孔介质流体动力学等基本理论，同时结合矿井大气、瓦斯流动的特殊性，较详细地介绍了矿井大气以及采空区瓦斯的流动[101]。齐庆杰、黄伯轩根据采空区瓦斯运移规律分析了采场瓦斯超限的基本原因，论述了采场瓦斯治理的技术途径，并给出了几种采场瓦斯治理的方法[102]。梁栋、黄元平分析了采动空间空隙介质的特性以及瓦斯在其中的运动特征，提出了采动空间瓦斯运移的双重介质模型[103]；之后，梁栋又在与吴强合著的《CFD 技术在通风工程中的运用》一书中对该模型进行了完善，并针对具体实例进行了求解[104]。李宗翔、孙广义等人将采空区冒落区看做是非均质变渗透系数的耦合流场，用 Kozery 理论描述了采空区渗透系数与岩石冒落碎胀系数的关系，用有限元数值模拟方法求解了采空区风流移动[105]，并结合图形技术和具体算例，求解了综放工作面采空区三维流场瓦斯涌出扩散方程[106]。

B　瓦斯升浮-扩散规律

对于此方面的研究，大多数学者是通过分析煤层采动后上覆岩层所形成的裂隙形态，进而来分析其中瓦斯的运移规律的。近年来的研究表明，综放开采后上覆岩层所形成的形态并非是传统意义上的“三带”特征，而是随工作面的推进，裂隙分布特征亦随之变化。钱鸣高、许家林基于关键层理论，应用模型实验、图像分析、离散元模拟等方法，提出煤层采动后上覆岩层采动裂隙呈两阶段发展规律并形成"O"形圈分布特征，后将其用于指导淮北桃园矿、芦岭矿卸压瓦斯抽采钻孔布置，取得了显著效果[107~110]。之后，刘泽功、叶建设基于煤层采动后上覆岩层所形成的"O"形圈分布特征，探讨了采空区顶板瓦斯抽采巷道的布置原则，并应用流场理论分析了实施顶板抽采瓦斯技术前后采空区等处瓦斯流场的分布特征[111,112]。李树刚提出煤层综放开采后，采场上覆岩层中的破断裂隙和离层裂隙贯通后在空间上的分布是一个动态变化的采动裂隙椭抛带，分析了关键层位置与椭抛带形态的相互关系，应用环境流体力学和气体输运原理，阐述了卸压瓦斯在椭抛带中的升浮-扩散运移理论，并提出几种抽取煤层卸压瓦斯的方法[113,114]。

1.2.2 综采面瓦斯涌出量预测的国内外研究现状

近年来，作为瓦斯防治不可缺少的重要环节之一的瓦斯预测技术（包括含量预测和涌出量预测）越来越得到世界各产煤国的重视。国外各采煤国投入了大量的人力财力进行技术攻关，取得了许多可供我们参考与借鉴的经验和研究成果。

查阅有关煤矿安全技术类期刊文献报道[58,115~123]，国外在煤矿瓦斯预测技术研究方面的技术水平及现状可概述如下：

（1）预测技术方法化、规范化。俄罗斯早在20世纪80年代初就制定了针对不同类型矿井及煤层赋存条件与生产条件的矿井瓦斯涌出量预测规范，以法规形式规定煤层在开采时必须进行瓦斯预测工作。其他主要产煤国也研究建立了适合各自国情的预测方法，如英国的艾黎（Airey）法、德国的文特（Winter）法、美国的匹茨堡矿业研究院法等。

（2）预测方法动态化。瓦斯涌出是一个含多因素的复变函数，受时间、空间及煤层赋存条件的影响很大，具有多变性，国外一些主要产煤国根据不同情况研究建立了不同的瓦斯涌出动态预测方法，例如：英国建立了考虑时间和开采技术条件影响因素的艾黎法，德国提出了采掘工作面时空序列瓦斯动态预测法等。这些方法可以根据开采技术条件和赋存条件的变化超前准确预测采掘工作面瓦斯涌出变化动态值，并可根据预测结果随时调整工作面的风量及采取合理的瓦斯处理技术措施，取得良好的应用效果。

（3）预测内容多元化、综合化。例如，俄罗斯在进行瓦斯预测时，不但预测煤层瓦斯含量、涌出量，而且还预测煤层瓦斯分区分带特性、瓦斯储量丰度，并且对矿井中长期瓦斯涌出态势及防治对策作出评价。

我国从“七五”开始着手研究矿井瓦斯涌出量预测技术。多年来，先后建立了地勘瓦斯含量解吸法、矿井瓦斯涌出量分源预测法，并研究建立了煤层瓦斯基本参数数据库、微机绘制瓦斯地质图件和煤矿瓦斯综合评价系统，使我国煤矿瓦斯预测技术及配套装备有了长足的进步。但与国外同类技术相比，我国在该领域的研究尚存在三个方面的技术问题：①煤层瓦斯含量控制程度不足；②预测方法不具备动态预测功能，不能根据开采时空因素及生产条件实施动态跟踪预测；③现有的方法是针对非集约化生产方式建立的，而对集约化生产矿井瓦斯涌出规律及特征揭示性差，预测准确率低。

综上所述，基于我国煤矿瓦斯预测技术研究现状及与国外先进技术的差距，我们可根据有关资料及实测数据，通过掌握煤层瓦斯流动规律和综合机械化采煤工作面的煤壁、落煤瓦斯涌出特征，建立相应的综采工作面瓦斯涌出量预测模型，从而为综采供风、瓦斯治理和防治瓦斯突出提供可靠的依据。

1.2.3 瓦斯抽放技术的国内外研究现状

1.2.3.1 国外瓦斯抽放技术的研究现状

目前世界拥有的煤层气资源总量约为 $240\times10^{12}m^3$，是常规天然气探明储量的两倍多。全球地下煤矿每年大约排放 $300\times10^8m^3$ 的瓦斯，但只有8%得到了应用，利用率非常低，原因是多方面的，其中技术原因有煤层透气性低、瓦斯浓度不稳定、抽放技术和设备壁垒等[124~126]。相对来说，前苏联、德国、英国、法国、波兰、日本的瓦斯抽放量大、抽放效率高。在这些国家，瓦斯抽采作为治理瓦斯的生产工序，是高瓦斯煤层开采中一个必不可少的工艺环节[127]，且多采用综合抽采方式，抽出来的瓦斯利用率也较高[128~129]；在瓦斯抽放方法的选用、抽放工艺和参数的确定、抽放设备的配套等方面他们也有很多成功之处。

在抽放方法方面，他们大多采用总体综合瓦斯抽放体系[130~133]，即：采前预抽，如地面钻孔及井巷水平钻孔等[134]；采掘过程中边采边抽，如巷道抽放和钻孔抽放方法等；采后老空区瓦斯抽放，如由地面向采空区打垂直钻孔、采空区水平钻孔和采空区密闭抽放等。在抽放工艺和参数方面，他们一方面注意提高煤层透气性措施，另一方面在增加抽放钻孔密度、提高封孔质量、提高抽放负压、研究最优孔径和最佳钻孔布置等方面也做了大量的工作并取得了成功。在抽放设备方面，他们研制和广泛使用了高效率的钻孔机和钻具、大能力的真空泵、大直径的抽放管路和瓦斯抽放站的自动检测仪表及安全保护装置。

自20世纪70年代以来，低透气性煤层瓦斯抽采技术取得了长足的发展[135~138]。前苏联采用交叉钻孔强化预抽煤层瓦斯的方法，显著提高了低透气性煤层的瓦斯抽采率；在开采深度大的条件下，日本采用大直径钻孔有效地提高了抽采效果；在钻孔密封技术工艺方面，德国和日本全面推广应用聚氨酯封孔技术，使抽采负压达50kPa以上。为提高瓦斯抽采率，各国均研究和采用了强化抽采瓦斯方式，并研制出了强力钻机，以提高钻孔钻进速度和钻进深度。日本成功研究出在高瓦斯长壁工作面顶板打水平钻孔（800m以上）抽采采空区瓦斯的工艺和相应的设备，单孔抽采量达2~3m^3/min，并研究应用聚氨酯封孔技术，提高了钻孔密封效果。为适应抽采量增大的需要，美国、波兰正在生产和应用抽采能力为200m^3/min以上的湿式、干式抽采泵，并建立了瓦斯监测监控系统，实现了安全和高效抽采的目标[115]。

1.2.3.2　我国瓦斯抽采理论及技术的研究现状

A　我国瓦斯抽采理论的研究

我国从“六五”开始，相继在“七五”、“八五”期间，均有计划地将抽放瓦斯的基础理论、抽放技术列入煤炭工业科技发展规划，组织各方面力量进行研究。其中，煤炭科学研究总院重庆分院和抚顺分院、中国矿业大学等一些科研院校在抽放瓦斯的基础理论、抽放技术、抽放工艺及施工和监测方面进行了大量试验研究，取得了很多研究成果，产生并形成了一些成熟的理论，如卸压抽放理论、抽放钻孔周围瓦斯移动规律、瓦斯在煤层中流动的本均理论等。之后，中国矿业大学又在其组织完成的、由国家自然科学基金资助的“厚煤层全高开采方法基础研究”重点项目中，提出了瓦斯抽放的“O”形圈理论。上述抽放瓦斯理论的探索与研究推动了我国煤炭行业瓦斯抽放技术的进步和安全生产。

B　我国煤矿瓦斯抽采技术的发展阶段

总体上来说，我国煤矿瓦斯抽放技术大体经历了四个阶段，分别为：

（1）高透气性煤层瓦斯抽放阶段。20 世纪初期，在抚顺高透气性特厚煤层中首次采用井下钻孔预抽煤层瓦斯获得成功，解决了抚顺矿区向深部发展的安全关键问题，抽出的瓦斯还作为民用燃料利用。但由于当时是抽放瓦斯的初期阶段，对煤层透气性与抽放效果之间的关系还认识不深，因此，在全国对于透气性小于抚顺矿区煤层的瓦斯抽放技术，没有取得真正的突破和明显进展。

（2）邻近层卸压瓦斯抽放阶段。20 世纪 50 年代中期，阳泉矿区采用井下穿层钻孔抽放上邻近层瓦斯的试验获得成功，解决了首采面瓦斯涌出量大的问题。通过大量的瓦斯抽放试验，认识到利用煤层开采后形成的顶底板采动卸压作用对未开采的相邻煤层进行边采边抽可以有效地抽出瓦斯，减少邻近层卸压瓦斯向开采层工作面的大量涌出。在以后的十多年中，此方法在不同煤层赋存条件下的上、下邻近层中得到应用，取得了较好的效果。

（3）低透气性煤层强化抽瓦斯阶段。我国科研院校与煤矿生产单位合作，自 20 世纪 60 年代开始，试验研究了多种强化抽放开采煤层瓦斯的方法，如对煤层进行高压或中压注水、水力压裂、水力割缝、松动爆破、大直径（扩孔）钻孔、网格式密集布孔、预裂控制爆破、交叉布孔等。上述方法在大部分试验区取得了比较好的效果，但由于工艺较复杂，有的装备庞大不配套，有的增加吨煤成本，因而大多数强化抽放瓦斯措施，还没有达到工业应用强度。

(4) 高产高效矿井（工作面）综合抽放瓦斯阶段。从20世纪80年代开始，随着综采和综放采煤技术的发展和应用，工作面绝对瓦斯涌出量大幅度增加，尤其是存在邻近层的工作面，其瓦斯涌出量的增长幅度更大，采区瓦斯平衡构成也发生了很大变化。为了解决高产高效工作面多瓦斯涌出源、高瓦斯涌出量的问题，必须实施综合抽放瓦斯措施。所谓综合抽放瓦斯就是把开采煤层瓦斯采前预抽、卸压邻近层瓦斯边采边抽及采空区瓦斯采后再抽等多种方法在一个采区内综合使用，在空间上及时间上为瓦斯抽放创造更多的有利条件，以此使瓦斯抽放量及抽放率达到最高。

C 我国煤矿瓦斯抽放技术的研究现状

从瓦斯抽放技术发展来看，我国抽放瓦斯是从本煤层预抽逐步发展到邻近层卸压抽放（边采边抽）及综合抽放的过程。目前，我国的瓦斯抽采方法尚无统一分类。程远平等人基于《煤矿瓦斯抽采基本指标》中煤矿瓦斯抽采的考核要求，对煤矿瓦斯抽采方法进行了系统全面的分类[139]。该分类的指导思想为：第1层次划分以煤层的开采时间为依据，第2层次划分以煤层开采的空间关系为依据，具体抽采分类方法如图1-1所示。上述分类方法可能出现方法交叉

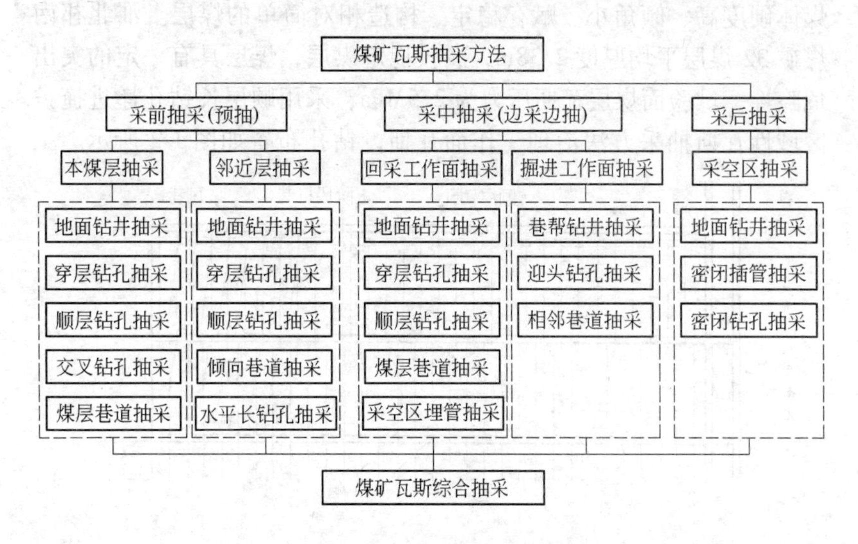

图1-1 煤矿瓦斯抽采方法分类

的问题，例如邻近层抽采可能是采前抽采，也可能是采中抽采。如果邻近煤层是可采煤层，且在开采层开采过程中邻近煤层的可采性不被破坏，则对该煤层瓦斯抽采应视为采前抽采。如果邻近煤层是不可采煤层，或在开采层开采过程中其可采性被破坏，则对这些煤层的瓦斯抽采应视为采中抽采。在煤矿生产实践中，不可能只通过单一的瓦斯抽采方法就能解决矿井瓦斯问题，往往还需要采用多种瓦斯抽采方法的组合，实现对煤矿瓦斯的综合抽采。

a 回采工作面本煤层顺层钻孔抽采方法

（1）顺层钻孔瓦斯抽采方法。顺层钻孔瓦斯抽采方法就是从风巷、机巷内施工顺层钻孔抽采工作面开采区域瓦斯。顺层钻孔的间距与钻孔的抽采半径有关，在低透气性的突出煤层中，钻孔间距一般按照2～3m设计，钻孔直径为91mm，钻孔长度根据工作面倾向长度设计。为了缩短开切眼前方部分煤体的瓦斯抽采时间，可在工作面里段补打一定数量的顺层钻孔，钻孔与巷道煤壁呈75°夹角，与原顺层孔交叉布置，以便提高钻孔抽采效果，并可在回采过程中实现边采边抽、卸压抽采。

（2）顺层长钻孔递进掩护区域性瓦斯抽采方法。该方法适用于煤体硬度高、倾角小、赋存稳定、构造相对简单的煤层。淮北祁南煤矿32煤层平均厚度2.38m，属较稳定煤层，煤层具有一定的突出危险性。试验面煤层瓦斯压力为2.5MPa，采用顺层长钻孔递进掩护区域性瓦斯抽采方法治理工作面瓦斯，钻孔布置如图1-2所示。工

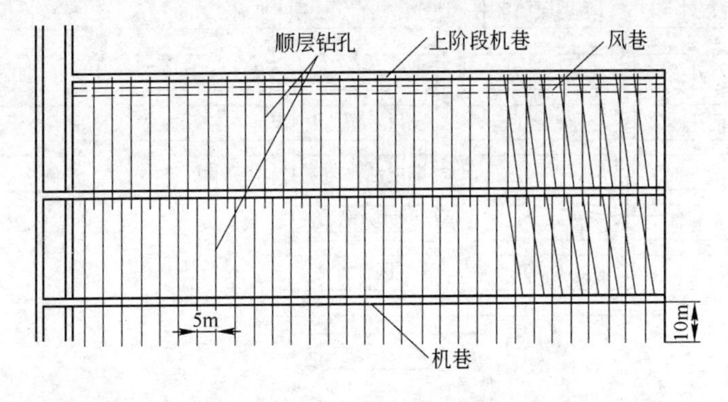

图1-2 顺层长钻孔递进掩护钻孔布置

作面顺层钻孔设计间距3～5m，钻孔直径94mm，顺层钻孔的施工长度为80～90m，从上一区段工作面机巷向34下3工作面上半区域施工顺层钻孔抽采瓦斯，平均抽采时间不低于5个月。在顺层钻孔的掩护下施工工作面腰巷，腰巷下帮的钻孔保护宽度不小于10m，再利用腰巷施工顺层钻孔抽采工作面下半区域煤层瓦斯，从而保证本工作面机巷的安全掘进，进而实现对整个工作面的区域性瓦斯抽采。应用实践表明，突出煤层能够实现机械化掘进，掘进速度可达300m/月以上。

（3）交叉钻孔抽采方法。为提高顺层钻孔预抽煤层瓦斯效果，研发了交叉钻孔抽采方法[140]。其原理是平行钻孔与倾向钻孔相间布置，形成交叉钻孔组，交叉钻孔在交叉区内的相互作用结果，使得钻孔的塑性应力圈半径加大，即相当于加大了抽采钻孔直径。由于斜向钻孔是沿斜向工作面伪倾斜布置，工作面推进过程中一定数量的斜向钻孔始终位于工作面前方的卸压带内进行卸压瓦斯抽采，并且作用时间比平行钻孔要长，进而提高煤层瓦斯抽采效果，因此交叉钻孔抽采方法比平行钻孔抽采方法效果要好。交叉钻孔布置还可以避免因钻孔坍塌及堵孔而影响钻孔瓦斯抽采效果。焦作矿务局九里山矿13051工作面顺层交叉钻孔布置如图1-3所示，交叉钻孔组间距为7～9m，平行钻孔间距为2～3m。根据试验考察结果，以中块段为例，交叉钻孔的百米钻孔初始瓦斯自然涌出量是平行钻孔的2.67倍；交叉钻孔平均百米钻孔瓦斯抽采量是平行钻孔的2.02倍。

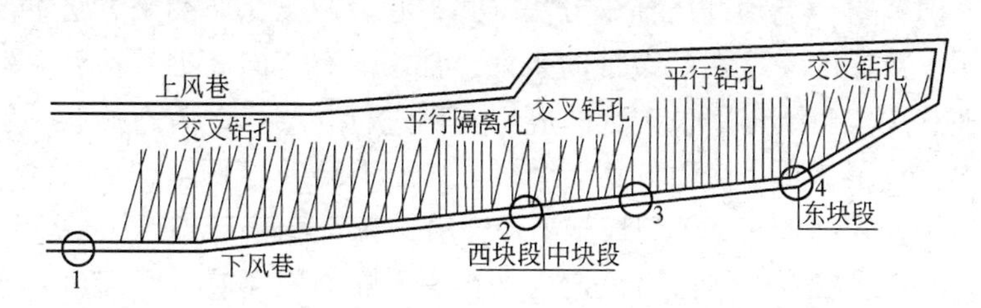

图1-3　试验区顺层交叉钻孔布置

（4）顺层钻孔预抽煤巷条带瓦斯抽采方法。预抽煤巷条带瓦斯抽采方法的顺层钻孔应区域性控制整条煤层巷道及其两侧一定范围内的煤层，巷道两侧控制范围为：近水平、缓倾斜煤层巷道两侧轮廓线外至少各15m；倾斜、急倾斜煤层巷道上帮轮廓线外至少20m，下帮轮廓线外至少10m，且均为沿层面距离，钻孔应控制的条带长度不小于60m，并留有10m超前距。该方法适用于突出危险性相对较小、硬度大、钻孔易施工的煤层。图1-4为淮北杨柳煤矿的工程应用实例：在巷道两帮分别布置一个钻场，在每个钻场内距底板距离1.0m处施工8个直径94mm的瓦斯抽采钻孔，呈扇形布置，钻孔长度60m左右，孔底间距1.5～2m，煤巷轮廓线外钻孔控制范围不小于15m，迎头施工一排平行钻孔。巷道每掘进50m开始施工下一个钻场，钻孔压茬10m。实践表明该方法可以保证类似煤层条件下煤层巷道的掘进安全。

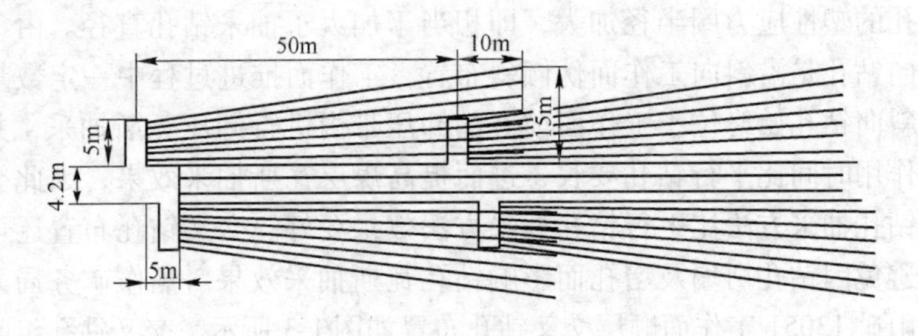

图1-4 顺层钻孔预抽煤巷钻孔布置

b 井下水平巷道（高抽巷）或长钻孔抽采方法

（1）井下巷道卸压抽采方法。井下巷道卸压瓦斯抽采方法主要适用于被保护层处在断裂带的条件，常用的有走向高抽巷法、倾斜高抽巷法，现结合阳泉矿区的应用实例进行介绍。走向高抽巷一般和内错式尾巷联合使用，其巷道布置如图1-5（a）所示，从采区专用回风大巷以25°～30°斜坡施工一穿层斜巷到达距15煤层60～70m左右的9煤层中，然后沿该煤层平行于工作面回风巷、距回风巷水平距离60m，向开切眼方向施工断面5m^{2}的走向高抽巷，高抽巷末端距切眼的水平距离为25m。从高抽巷末端向切眼施工5个直径100mm的下向瓦斯抽采钻孔，钻孔末端进入15煤层直接顶，用于解决15煤层初采期间的瓦斯涌出问题。在地质构造带处则常采用倾斜高抽巷法，倾斜高抽巷抽采方法巷道布置如图 1-5（b）所示，该方法一般与外错式尾巷“U + L”型通风方式联合使用。

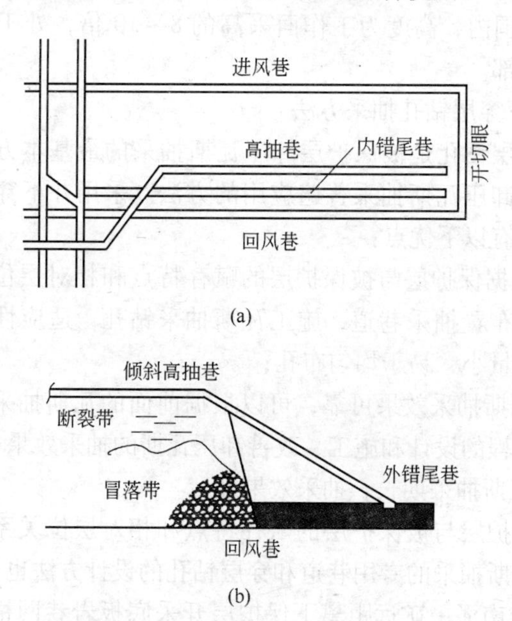

图 1-5　高抽巷布置
（a）走向高抽巷；（b）倾斜高抽巷

（2）井下水平长钻孔抽采方法。高抽巷瓦斯抽采方法需要开掘一条岩石巷道，成本较高，而井下水平长钻孔抽采方法在一定程度上可替代高抽巷，如图 1-6 所示。该方法主要适用于被保护层处在

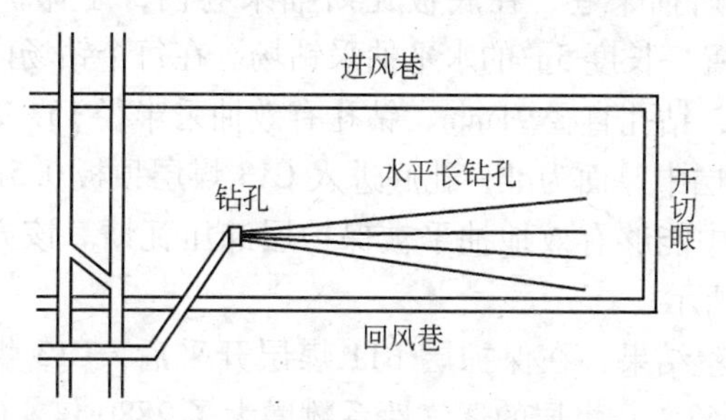

图 1-6　井下水平长钻孔布置

断裂带的条件，钻孔数量 3 ~ 5 个，直径 150 ~ 200mm，钻进长度依据工作面走向长度而定，一般为 500 ~ 1000m，布置在距工作面风巷 10 ~ 40m 范围内，高度为工作面采高的 8 ~ 10 倍，处于保护层开采的断裂带下部。

c 井下穿层钻孔抽采方法

井下穿层钻孔是被保护层卸压瓦斯抽采的最基本方法，也是我国被保护层卸压瓦斯抽采普遍应用的方法。采用井下穿层钻孔抽采卸压瓦斯具有以下优点：

（1）根据保护层与被保护层的赋存特点和相对层位关系，可以机动灵活地布置抽采巷道，施工瓦斯抽采钻孔，适应性强，瓦斯抽采钻孔工程量小，易于均匀布孔；

（2）瓦斯抽采效果可靠，可以根据前面的瓦斯抽采情况，优化后续抽采工程的设计和施工，改善卸压瓦斯的抽采效果；

（3）瓦斯抽采期长，抽采效果好。

根据保护层与被保护层的赋存特点和相对层位关系，用于被保护层卸压瓦斯抽采的专用巷道和穿层钻孔的设计方法也具有多样性。

（1）淮南潘一矿远距离下保护层开采底板岩巷网格式上向穿层钻孔法。潘一矿 C13 煤层是矿井主采煤层，为煤与瓦斯突出煤层，平均厚度 6.0m，平均倾角 9°。-620m 水平实测煤层瓦斯压力为 5.0MPa，选择 B11 煤层作为 C13 煤层的下保护层开采，层间距 70m，采用底板岩巷网格式上向穿层钻孔法抽采被保护层卸压瓦斯。

在 C13 煤层工作面倾斜中部，距煤层底板 15 ~ 20m 的岩层中布置一底板瓦斯抽采巷，在底板瓦斯抽采巷内，于保护范围内每隔 30 ~ 40m 布置一长度 5m 的水平抽采钻场。在每个钻场内施工一组扇形穿层钻孔，钻孔直径 91mm，钻孔有效抽采半径 15 ~ 20m，钻孔间距以 C13 煤层中厚面为准，孔底进入 C13 煤层顶板 0.5m，保证保护层开采过程中能够有效地抽采被保护层卸压瓦斯。该方法的钻孔布置如图 1-7 所示。

根据考察结果，在保护层 B11 煤层开采后，C13 煤层的最大膨胀变形为 2.63%，煤层的透气性系数增大了 2880 倍，C13 煤层瓦斯抽排率在 60% 以上，煤层瓦斯含量得到有效的降低，残余瓦斯含量

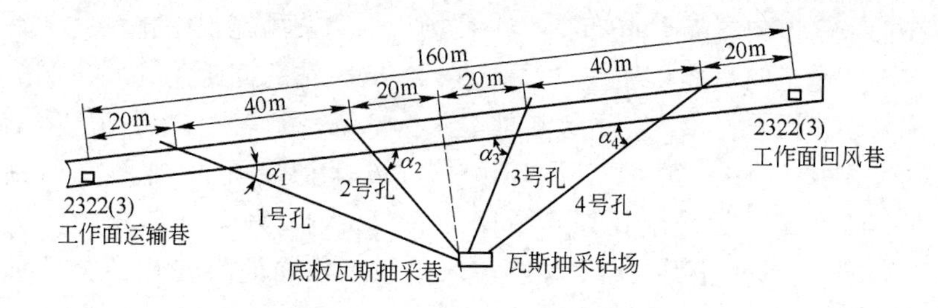

图1-7　淮南潘一矿底板岩巷网格式上向穿层钻孔布置

降为5.2m^3/t，残余瓦斯压力降为0.4MPa，彻底消除了煤层的突出危险性。被保护层采掘实践表明，煤巷月掘进速度由原来的40～60m，提高到200m以上，工作面采用综合机械化放顶煤采煤方法，已具备日产万吨的生产能力。

（2）沈阳红菱煤矿近距离上保护层开采底板岩巷网格式上向穿层钻孔法。红菱煤矿主采煤层12煤层为煤与瓦斯突出煤层，其平均厚度4.0m，上部16m处赋存一极薄煤层11煤层，平均厚度为0.4m。通过论证，选择11煤层作为12煤层的保护层进行开采。试验区域12煤层平均厚度4.0m，瓦斯压力6～7MPa，瓦斯含量22.5m^3/t。被保护层卸压瓦斯抽采采用底板岩巷网格式上向穿层钻孔法，钻孔布置如图1-8所示。

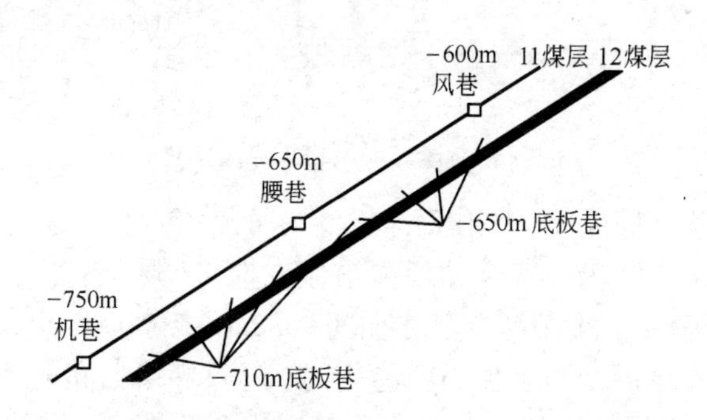

图1-8　沈阳红菱煤矿底板岩巷网格式上向穿层钻孔布置

考虑到保护层工作面倾向较长，煤层倾角较大，在12煤层底板施工两条底板巷，底板岩巷距煤层底板15m，巷道断面不小于9m^2。

在抽采巷道内每隔15m布置1个钻场，每个钻场施工一排钻孔，垂直于巷道走向呈扇形布置，钻孔直径90m，钻孔间距15m。在保护层采动作用下，12煤层相对膨胀变形为0.72%，被保护层卸压范围内煤层透气性系数增加了1010倍，被保护层瓦斯抽采率达到77.5%，煤层的残余瓦斯含量降为5.06m³/t，残余瓦斯压力降为0.25MPa，全面消除了12煤层被保护层工作面的煤与瓦斯突出危险性。

（3）淮南李二矿急倾斜保护层开采及网格式穿层钻孔法。李二矿主采煤层为B8、B9、B11b、C13煤层，在该区域由于地层倒转，造成煤层倾角大，平均角度为80°，矿井采用B9煤层保护B8煤层。根据急倾斜煤层裂隙发育及卸压瓦斯流动规律，采用从保护层工作面回风巷、工作面运输巷和底板岩巷内施工穿层钻孔抽采瓦斯，钻孔布置如图1-9所示。

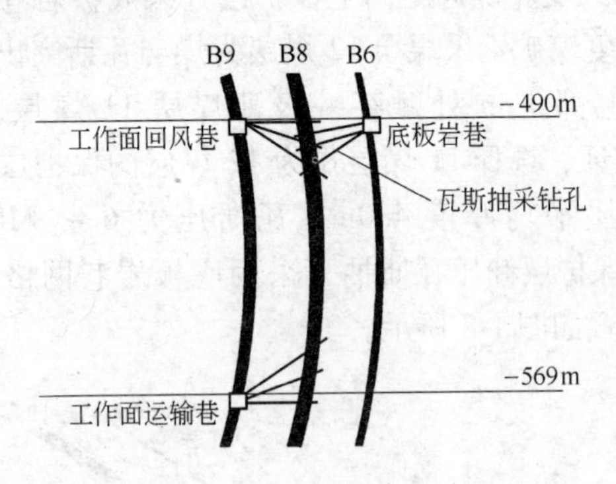

图1-9　淮南李二矿网格式穿层钻孔布置

在工作面回风巷、工作面运输巷内每隔30m向底板方向布置一长度为5m的钻场，每个钻场内沿倾向向B8煤层打3～4个直径91mm的倾斜穿层钻孔，钻孔走向间距30m，倾斜间距10m。底板岩巷内钻孔布置原则与工作面两巷相同。通过穿层钻孔的抽采，可有效降低B8煤层的瓦斯含量，消除其突出危险性，同时拦截卸压瓦斯，降低保护层工作面的瓦斯涌出量，确保保护层工作面的安全回采。经B8煤层开采验证，煤巷月掘进速度提高了1倍，工作面平均日产量提高了3倍。

（4）淮南新庄孜煤矿沿空留巷穿层钻孔瓦斯抽采方法。在保护层无煤柱开采工作面可采用沿空留巷穿层钻孔瓦斯抽采方法，从沿空留巷（风巷和机巷）内向顶底板被保护煤层施工一定数量的穿层钻孔抽采被保护层卸压瓦斯。由于空间位置关系，从沿空留巷内向工作面煤体倾向上施工的穿层钻孔有限，穿层钻孔无法覆盖整个被保护层工作面，这就需要被保护煤层位于保护层开采后形成的顶板断裂带或底鼓裂隙带内，被保护层处于该层位时，层间岩层内会形成大量的穿层裂隙与保护层采空区导通。另外，还需要布置岩层巷道，从岩层巷道中施工穿层钻孔配合抽采。保护层开采过程中，被保护层部分卸压瓦斯由穿层钻孔抽采，还有部分卸压瓦斯经层间穿层裂隙进入保护层工作面的采空区，因此该方法需要与采空区埋管抽采方法配合使用，即需要在沿空留巷巷帮充填时预埋管路用于采空区瓦斯抽采。如图 1-10 所示，为淮南新庄孜煤矿保护层开采沿空留巷钻孔布置。

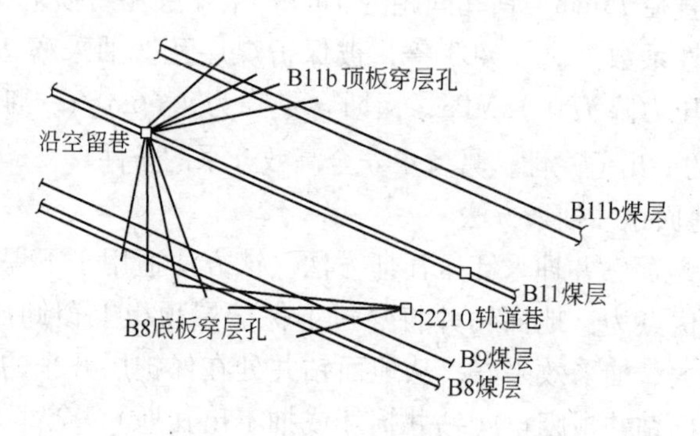

图 1-10　淮南新庄孜煤矿沿空留巷穿层钻孔布置

（5）郑州崔庙煤矿极薄保护层钻采及上向网格式穿层钻孔抽采卸压瓦斯方法。该矿井主采煤层二$_1$ 煤层平均厚度为 8m，煤层平均倾角为 15°，为低透气性高瓦斯强突出煤层，在采掘过程中已发生多次煤与瓦斯突出事故，现采用下部的一$_9$ 煤层作保护层进行开采，层间距为 18.5m，一$_9$ 煤层平均厚度为 0.3m。保护层采用螺旋钻采煤机钻采开采，采用底抽巷上向网格式穿层钻孔法抽采被保护层卸压瓦斯，如图 1-11 所示。

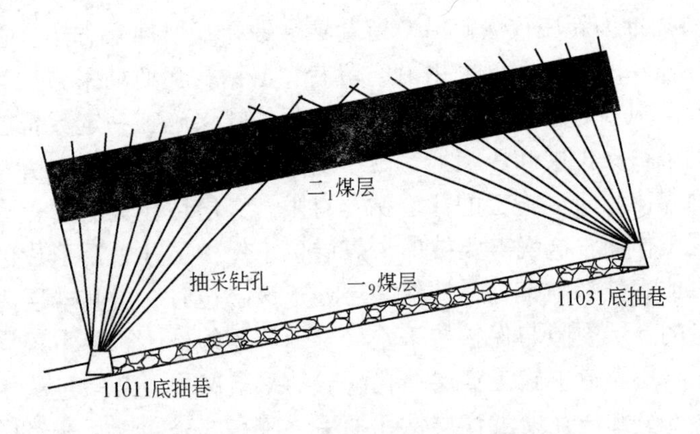

图 1-11 郑州崔庙煤矿底抽巷穿层钻孔布置

在极薄保护层一$_9$煤层工作面沿走向施工两条底抽巷，在底抽巷内每隔 10m 布置一钻场，在钻场沿倾向向二$_1$煤层施工 10 个穿层钻孔，钻孔直径 75mm，钻孔间距为 7m。二$_1$煤层瓦斯抽采实践表明，煤层透气性系数提高了 403 倍，被保护煤层瓦斯抽采率达到 64%，煤层瓦斯压力降为 0.15MPa，瓦斯含量降为 4.66m^3/t，彻底消除了二$_1$煤层的突出危险性，具备了安全高效开采的条件。

d 地面钻井抽采方法

（1）地面钻井抽采卸压瓦斯方法。该方法适用于下保护层开采条件，其优点为：地面钻井将穿过下保护层顶板上覆卸压煤岩层，抽采范围大、抽采效果好；从地面钻井处在保护层开采的卸压区开始，到地面钻井报废止（钻井损坏或抽不出瓦斯），全部为抽采期，抽采期长；地面钻井施工不受井下巷道工程条件的限制，只要保证保护层工作面推进到钻井设计位置之前，地面钻井施工完成，即可满足瓦斯抽采的需要。

地面抽采钻井结构如图 1-12（a）所示。地面钻井结构一般分为 3 段：第 1 段为表土段，钻井穿过表土进入坚硬基岩，下套管，进行表土段固井；第 2 段为基岩段，钻井钻进至目标层（卸压瓦斯抽采煤层或煤层群）顶板 20～40m，下套管，进行基岩段固井（套管长度为第 1 段与第 2 段之和、固井至地面）；第 3 段为目标段，钻井钻进至保护层顶板 5 ~ 10m（取决于保护层开采厚度），下筛管，不固井。

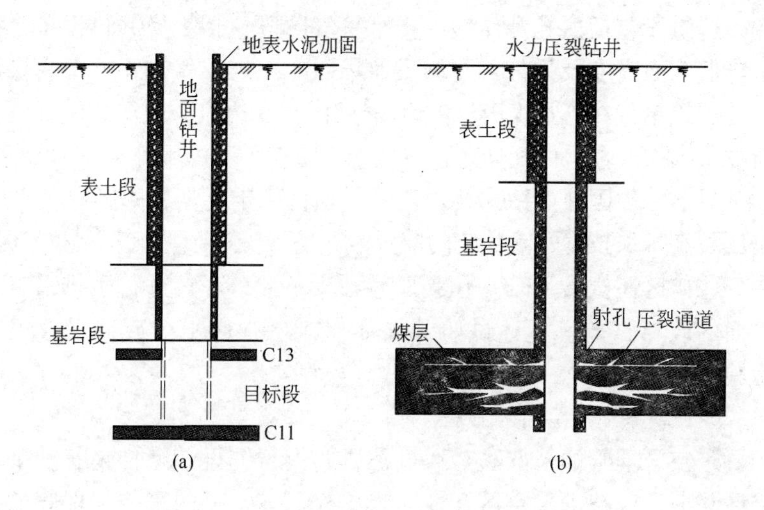

图 1-12　地面钻井结构示意图

（a）地面抽采钻井；（b）地面压裂钻井

淮南矿区地面钻井卸压瓦斯抽采试验证明，其有效抽采半径可达 200m，设计时抽采半径取 150m。沿走向方向第一个钻井距开切眼 50 ~ 70m，之后的钻井间距为 300m，在倾斜方向上钻井距风巷的距离为工作面长度的 1/3 ~ 1/2。地面钻井能够取得较好的瓦斯抽采效果，在卸压瓦斯抽采的活跃期内，单井瓦斯抽采量可达到 10 ~ 20m^3/min，抽采瓦斯的体积分数达 70% ~ 90%，瓦斯抽采率可达 60% 以上。

（2）地面钻井预抽瓦斯。地面钻井采前抽采瓦斯是 20 世纪 80 年代在美国成功应用的地面煤层气开采方法，90 年代开始在中国不同矿区开展试验，除在山西沁水盆地取得了与美国 San Juan 盆地相当的抽采效果外，在其他矿区的试验结果则均不理想。其主要原因是，我国大部分高瓦斯矿区地质构造复杂，煤层透气性低，多数煤层透气性系数仅为 10^{-3} ~ 10m^2/(MPa^2 · d)。

地面压裂钻井结构如图 1-12（b）所示。地面钻井采前抽采瓦斯主要分为3个阶段，其中完井阶段包括表土段钻井及固井、基岩段钻井、电测井、基岩段套管安装及固井、固井质量检测；煤层透气性改造阶段包括射孔和压裂；排水采气阶段包括更换井口设备、排水降低液面高度及采气。晋城煤业集团蓝焰煤层气公司、中联煤层气公司等单位在沁水煤田施工地面钻井1000余口，取得了较好的瓦斯抽采效果，抽采的瓦斯用于发电、汽车燃料和民用等。

目前，中国地面钻井技术已经成熟，决定瓦斯抽采效果的关键是压裂和排采技术，除传统的前置液、携沙液和顶替液压裂技术外，在一些矿区还试验了 CO_2 压裂驱替技术；此外，还进行了排采工艺方面的改革试验。上述试验效果如何，还有待于今后抽采效果的检验。

e 采空区埋管抽采方法

采空区埋管抽采方法是通过在风巷上帮铺设一趟抽采管抽采采空区瓦斯，以减少采空区瓦斯流入工作面。常见的采空区埋管的抽采管吸气口位于采空区底板处，由于底板处瓦斯含量较低，因而会造成采空区抽采的瓦斯含量偏低，一般在3%~5%之间。为提高这一方法的抽采效果，对采空区埋管抽采方法进行改进，根据顶板岩层裂隙中汇集有大量高浓度瓦斯的特点，研发了采空区长立管瓦斯抽采方法，如图1-13所示，即采用安装立管的方法将采空区埋管的吸气口抬高，吸气口距巷道底板高度为7~9m。根据淮北祁南煤矿32煤层工作面的应用情况来看，采空区瓦斯抽采体积分数可达10%

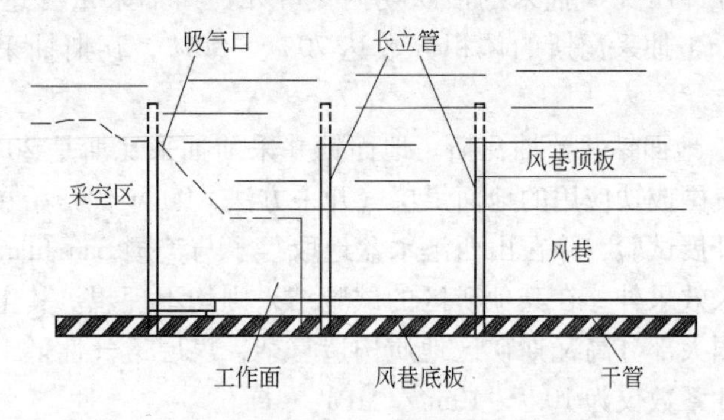

图1-13 采空区长立管布置

以上。

D 我国煤矿瓦斯抽放技术的发展趋势

综合来说，尽管我国开展矿井瓦斯抽放的时间已经相当长，在瓦斯理论与技术方面也取得了许多成就，但随着我国矿井开采深度的不断增加，生产规模的迅速扩大，近年来，矿井瓦斯事故仍然频繁发生，尤其是一次死亡10人以上的事故也还主要是瓦斯事故造成的。诸多事实表明，我国的煤矿瓦斯治理工作，特别是瓦斯抽放理论与技术还远不能满足生产发展的需要。目前，我国科研工作者正将下述几个方面作为矿井瓦斯抽放理论与技术的新的重点攻关方向。

a 综合性瓦斯抽放工艺与技术是未来瓦斯抽采的重点发展方向

综采工作面及回风巷的瓦斯超限往往成为工作面实现高产高效的障碍。因此，如何在一个采区同时应用几种抽放方法，实现最佳配合，实现在采前和开采期间有效的瓦斯抽放，并辅以适当增加工作面的供风量，改善采区巷道布置与通风系统及加强通风及瓦斯的管理等综合瓦斯治理方面，有待全面攻关，以达到尽可能把不同来源的瓦斯都抽放出来的目标。

b 瓦斯抽放设备与技术亟须取得具有创新性的突破

提高和完善瓦斯抽放装备，主要包括长孔定向钻机、强力钻机、钻具以及抽放的安全监控等。长孔定向钻进技术是未来井下瓦斯抽放的发展方向，为此应加大国产定向钻机的研制力度，使之适合中国煤矿的条件，同时还应大力提高中国现有定向钻机的使用水平，发挥其应有作用。随着无煤柱开采技术和综采机械化技术的广泛应用以及综采面长度不断加大，不仅要求抽放瓦斯钻孔的布孔方式相应变化，而且要求钻孔长度进一步加大，这就需要研制功率大、故障率低、打钻效率高、使用寿命长的新型钻机和相应的钻杆、钻头及钻孔测斜、纠斜等配套设备，以适应抽放瓦斯技术发展的需要。

c 低透气性高瓦斯煤层瓦斯治理仍是制约安全生产的难题

低透气性厚煤层开采时的瓦斯治理问题，是通风安全工程和采矿工程界的一大难题，尤其是采用综采放顶煤开采或分层开采时的许多瓦斯问题至今还没有很有效的解决办法。用顶板走向巷道和走向钻孔抽放低透气性厚煤层瓦斯，可以使煤层内的原始赋存瓦斯释放出来，大大缓解煤层开采时的瓦斯问题，降低瓦斯事故的发生率。

目前对于高瓦斯煤层进行瓦斯抽放时，煤层透气性系数通常是衡量瓦斯在煤层内流动难易程度的最重要的参数。因此，未卸压煤层的抽放瓦斯效果好坏主要取决于透气性系数。为了增加煤层的透气性系数，国内外的许多研究人员进行了大量研究，但是至今尚未取得突破。

d 煤层群抽放卸压瓦斯技术尚未成熟

在煤层群开采中，利用先开采煤层的采动作用所产生的卸压煤层的“卸压增透”效应来提高煤层透气性是高效、简便、经济的措施，目前，国内外开采煤层群的矿区都特别关注这一技术，我国阳泉、铁法、包头和淮南等矿区应用这一技术均取得了一定的进展。

沙曲矿主采煤层都是高瓦斯煤层，采、掘工作面不仅瓦斯涌出量大，而且都具有突出危险，在采用本煤层预抽、尾巷抽放、邻近层抽放以及高抽巷抽放等多种抽放方式情况下，亦未能有效解决矿井的瓦斯超限难题，从而制约了采掘速度。为此，为保障近距离高瓦斯煤层群复杂条件下的安全生产，需要从矿井的通风系统以及瓦斯抽采理论和技术等方面进行综合治理。

e 大多数矿井抽出的瓦斯被排空，矿井瓦斯资源严重浪费

我国煤矿长期以来并未大规模开发利用矿井瓦斯，虽然有些煤矿抽取矿井瓦斯的时间已经很长，但除了在矿区内少量用作燃料外，大量瓦斯仍作为矿井有害气体随煤炭开采而被排入大气，不仅白白浪费，而且污染空气。因此，将瓦斯作为一种资源，在煤炭开采过程中，充分利用受采动影响岩层移动对煤层瓦斯的卸压作用，并根据岩层移动规律来优化瓦斯抽采方案、提高瓦斯抽出率，在煤层开采时形成采煤与采瓦斯两个完整的开采系统，形成“煤与煤层瓦斯共采”技术。从采掘部署上就把瓦斯抽放当做正规的开采工艺流程，从时间、空间与资金上给予保证，对所抽出的瓦斯进行全面利用，既避免了宝贵的能源资源浪费，也有利于环境保护和实现煤炭工业的可持续发展。

1.2.4 主要研究内容与研究方法

本书主要以复杂地质条件下的瓦斯治理工程为背景，针对高瓦斯、近距离、多煤层、不稳定的工程开采特点，从综采面瓦斯浓度分布规律及其运移规律出发，在现场调研、理论计算分析、数值模拟分析、相似模拟试验、现场试验实测与实践的基础上，对高瓦斯煤层群综采面瓦斯运移与控制进行系统研究。主要研究内容如下：

（1）全面分析综采工作面空间的瓦斯浓度分布规律、瓦斯涌出量及其影响因素。

（2）分析瓦斯涌出来源，并根据瓦斯流动理论探求各瓦斯涌出源的涌出规律，建立综采面瓦斯涌出量预测模型，进行达产时的瓦斯涌出量预测。

（3）进行采场上覆岩层采动裂隙发育特征的数值模拟，确定采空区“竖三带”、“横三区”的分布情况以及关键层位置。

（4）建立可变通风系统可调进回风量的采空区瓦斯运移规律的实验室相似模型，研究不同通风系统条件下的采空区瓦斯流动汇集通道和采空区分布状况，寻求有利于沙曲矿高瓦斯煤层群综采面瓦斯综合治理的工作面通风系统。

（5）依据现场地质条件及实测提供的边界条件，采用FLUENT软件进行数值模拟，研究采空区三维空间上的瓦斯浓度分布规律，为确定瓦斯抽采最优汇集点打下良好的基础。

（6）分析高瓦斯煤层群条件下采空区顶底板瓦斯的运移聚集特征及抽采钻孔对采空区瓦斯流场的影响，分析顶板千米长大直径钻孔抽采技术原理及优势，提出高抽巷钻孔群和裂隙钻孔群联合抽采瓦斯技术。

（7）建立采动裂隙区垂直平面钻孔群抽采瓦斯渗流模型，研究抽采条件下各钻孔间的相互影响情况，为提高瓦斯抽采效率及合理参数布置提供理论指导。

（8）在上述研究的基础上，采用计算机数值模拟、数学模型和工程类比等方法综合研究确定抽采钻孔数量及布置方式，并开展现场应用研究。

2 高瓦斯煤层群综采面瓦斯涌出量实测及预测研究

2.1 矿井及试验工作面概况

2.1.1 矿井概况

沙曲矿位于山西省西部河东煤田中段的离柳矿区，矿井地处山西省吕梁市柳林县境内，工业场地距柳林县城约5km。井田大致呈北西—南东向弧形，主体为一缓倾斜的单斜构造，属简单构造井田。井田走向长22km，倾向宽4.5～8km，面积约135km^2。井田除北部以聚财塔南断层为自然边界外，其余均为人为边界。沙曲矿井是华晋焦煤公司在离柳矿区开发建设的第一对矿井，属高瓦斯且具有煤与瓦斯突出危险的矿井，突出类型为倾出。1994年12月开工建设，2004年11月8日通过国家发改委正式验收投产。沙曲矿设计生产能力前期为300万吨/年，后期改扩建到800万吨/年。

沙曲矿采用主斜井、副立井混合开拓方式，初期布置六个井筒，分别位于三川河南北两岸三个不同的工业场地内。主斜井、1号进风斜井、2号回风斜井布置在三川河南岸、选煤厂东侧；副立井布置在三川河北岸、孝柳铁路南侧；北进风立井、北回风立井布置在距副立井井口约3.5km的北风井工业场地内。井下大巷基本沿煤层走向布置，分南北两翼开采4号煤层。4号煤层赋存于山西组下部，在全井田范围内为稳定可采煤层。直接顶板为中细砂岩，局部为砂质泥岩、泥岩，底板为砂质泥岩和细砂岩。4号煤层煤质为低灰、特低硫、低磷，中等挥发分，黏结性良好，为世界优质焦煤之一，有“中国瑰宝”之美誉。4号煤层具有爆炸性，为三类不易自燃煤层。

2.1.2 试验工作面概况

沙曲矿试验综采工作面开采4号煤层，煤层厚0.84~6.05m，平均2.45m，含1~4层夹矸，煤层倾角2°~7°，局部16°~23°。其邻近煤层自上而下依次为2号煤层、3号煤层和5号煤层（见煤岩层柱状图2-1）。煤层层间距均小于10m，且瓦斯含量大，其中4号煤层原始瓦斯含量为30.73~41.25m³/t，其上、下邻近层（3号煤层、5号煤层）原始瓦斯含量亦达20m³/t以上，且有煤与瓦斯突出危险性。

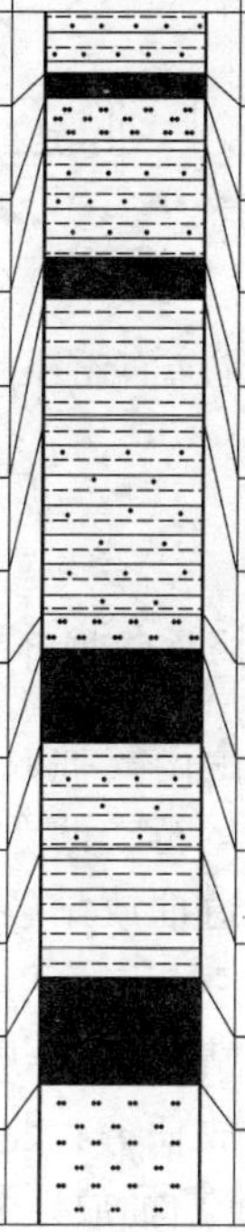

岩石名称	层厚/m	岩性柱状	岩性描述
砂质泥岩	1.84		灰褐色砂质泥岩，薄层状
2号煤层	0.6		黑色，局部可采
粉砂岩	1.22		浅灰色，均匀层理
砂质泥岩	5.72		深灰色，泥岩结构
3号煤层	1.07		结构均一，内生裂隙发育
泥岩	3.27		灰褐色泥岩
砂质泥岩	5.13		灰褐色砂质泥岩，均匀层理
中细砂岩	0.98		以细砂岩为主，深灰色，厚层状
4号煤层	2.45		含1～4层夹矸，稳定可采
砂质泥岩	2.85		灰褐色细粗砂岩，均匀层理
泥岩	3.44		灰黑色，中厚层状，泥层结构，均匀层理
5号煤层	2.78		黑色，稳定可采
K_3砂岩	5.82		浅灰色中砂岩，均匀层理

图2-1 煤岩层柱状图

试验综采工作面区域水文地质条件比较简单，4号煤层顶底板均为弱含水层，补给条件差，补给量有限，正常涌水量仅为0.5~

$1m^3/h$。

沙曲矿试验综采面宽200m，采长约1000m，埋深约500m，采用倾斜长壁后退式采煤法，顶板管理采用全部垮落法，通风方式为“U+L”型抽出式。工作面巷道布置如图2-2所示。

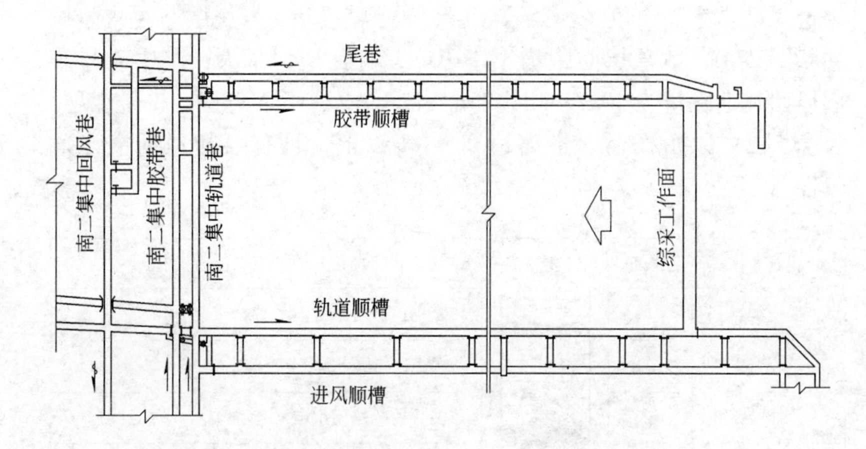

图2-2　试验综采面巷道布置图

2.1.3　现有瓦斯抽采系统

2.1.3.1　瓦斯抽放泵站及井下抽放管网布置

沙曲矿建有地面瓦斯抽放系统，由南翼抽放站和北翼抽放站组成，南翼抽放站有3台抽放泵，一台运行，两台备用；北翼抽放站由南、北管道抽放站组成，南、北管道抽放站各有两台抽放泵，一台运行，一台备用。

南翼瓦斯抽放站和北翼瓦斯抽放站南管道共同担负试验综采工作面、试验掘进工作面等处的瓦斯抽放任务；北翼抽放站北管道现担负24102和24201综采工作面等处瓦斯抽放任务。

南翼瓦斯抽放站管网系统：南翼抽放站→2号回风斜井→南回风大巷→南二集中回风巷→回风立眼→各瓦斯抽放点。

北翼瓦斯抽放站北管道管网系统：北翼抽放站→立井→北胶带大巷→南胶带大巷→南二集中回风巷→回风立眼→各瓦斯抽放点。

北翼瓦斯抽放站南管道管网系统：北翼抽放站→立井→北回风大巷→各瓦斯抽放点。

2.1.3.2 现有瓦斯抽放方式及效果

沙曲矿综采面综合采用了本煤层预抽、上邻近层抽放、高抽巷抽放和采空区抽放四种抽放方式联合抽放瓦斯的方法进行综采面的瓦斯综合治理。

（1）本煤层预抽：在工作面轨道顺槽和胶带顺槽向回采煤体施工平行于采面的钻孔，孔间距 10 ~ 15m，孔径 75mm，孔长 90 ~ 100m，封孔长度 6m，钻孔联入管网进行抽放。

（2）上邻近层钻孔抽放：利用尾巷向工作面上方裂隙带打平行于采面的钻孔，孔间距 10m，孔径 75mm，孔长一般伸入回采煤体的投影距离为 15m，封孔长度 6m，钻孔联入管网，在卸压后抽放。

（3）高抽巷的抽放：利用尾巷掘进斜巷，一般以 30°起坡，爬至回采煤体上方 15 ~ 18m，一般伸入回采煤体的投影距离为 8 ~ 10m；然后在高抽巷顶部向工作面前后打钻孔 4 个（孔长 100m，孔径 75mm），高抽巷铺设 320mm 管路与尾巷管网连接，并将巷口封闭，在卸压后进行抽放。

（4）采空区抽放：从尾巷朝煤柱打孔连接采空区进行采空区瓦斯抽放。

沙曲矿在综合运用上述四种抽放瓦斯方式情况下，综采面上隅角及回风流中的瓦斯仍经常超限，断电频繁，严重地威胁着采煤工作面的安全，影响着生产效率的提高、机械化设备能力的发挥和经济效益的改善。该矿自 2004 年建成投产以来，一直未达到设计生产能力，瓦斯已成为矿井发展的瓶颈。

2.2 高瓦斯煤层群综采面瓦斯涌出的现场实测研究

2.2.1 采场空间瓦斯浓度分布规律

为了掌握综采工作面瓦斯涌出源的状况，找出导致综采面上隅角瓦斯积聚的原因，制定技术可行、经济合理的瓦斯治理措施，必须进行工作面的不同瓦斯涌出源状况和瓦斯浓度分布规律的测定分析[141]。

2.2.1.1　综采面测站及测点布置

在沙曲矿试验综采面沿工作面每隔45m建立一个测站，每个测站从煤壁至采空区布置5个测点，测站及测点布置如图2-3所示。分别测量各测点瓦斯浓度及风速，测量时间选在检修班进行，因为此时工作面不受割煤影响，相对稳定[115]。

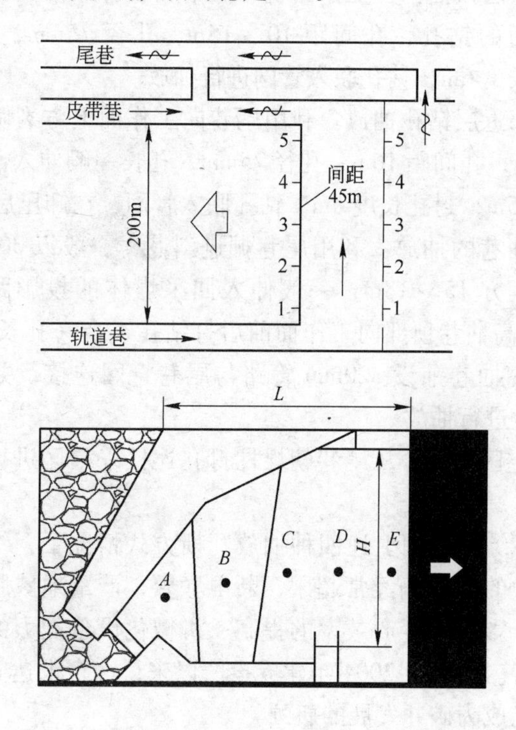

图2-3　综采面测站及测点布置图

2.2.1.2　瓦斯浓度沿采面长度方向的分布特征

根据现场实测数据，得出工作面瓦斯浓度沿采面长度方向上的分布特征，如图2-4所示。测定结果表明，工作面瓦斯浓度从进风

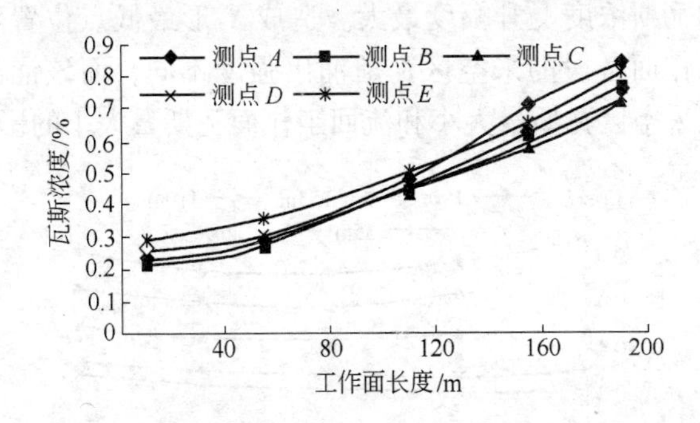

图 2-4 工作面瓦斯浓度沿采面长度方向的分布特征

侧至回风侧逐渐增大。在采面进风侧至工作面中部范围内瓦斯浓度上升幅度较小；从采面中部到回风巷瓦斯浓度增加较快，尤其是靠近回风侧 30m 范围内瓦斯浓度较高。造成这种分布规律的主要原因是：采面上半段的部分涌出瓦斯随工作面漏风进入采空区，瓦斯浓度增幅较缓；采面漏入采空区的瓦斯和采空区本身的涌出瓦斯随风流进入到采面后半段，致使瓦斯浓度增加，且增幅较采面前半段大。靠近支架尾部的测点 *A* 的瓦斯浓度在采面中部至回风巷段上升幅度明显增大，其余测点的瓦斯浓度上升幅度则相对较缓。这主要是由于采空区瓦斯涌出强度大，支架尾部风阻大、风速小，风流的稀释作用较小，导致其上升幅度较大。

2.2.1.3 瓦斯浓度沿垂直煤壁方向的分布特征

图 2-5 为综采工作面各测站瓦斯浓度沿垂直煤壁方向的分布特征图。在检修班测得从煤壁至采空区（支架尾）的瓦斯浓度基本呈由高到低、再由低到高的分布趋势（不对称的 V 形趋势），即在煤壁和采空区之间有一个瓦斯最低点，最低点的位置在采面的不同位置有所不同。测定结果表明，靠近工作面进风侧，瓦斯浓度最低点离采空区较近，且最低点至采空区的瓦斯浓度上升幅度较小；在工作面中部区域，瓦斯浓度最低点位置较工作面进风侧瓦斯浓度最低点更靠近采面煤壁，且最低点至采空区的瓦斯浓度上升幅度较大；而靠近工作面回风侧的瓦斯浓度最低点离采面煤壁较近，且最低点

至采空区的瓦斯浓度上升幅度最大。造成 V 形最低点位置不同的主要原因是工作面各段的采空区瓦斯涌出强度不同，而该涌出强度又主要受漏入采空区瓦斯量大小和流回工作面瓦斯量大小的影响。

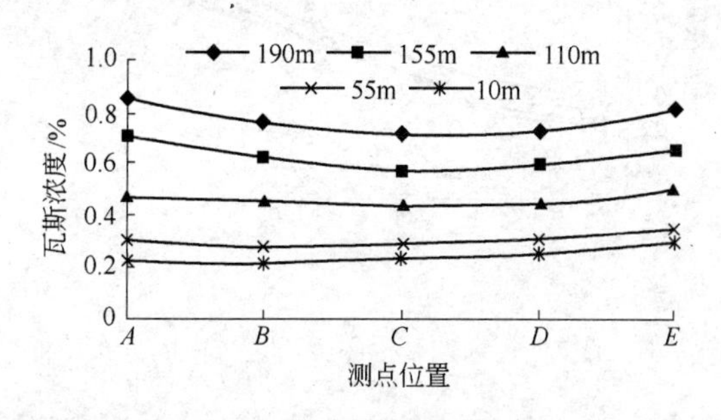

图 2-5　工作面瓦斯浓度沿垂直煤壁方向的分布特征

2.2.1.4　采面瓦斯涌出的不均衡性

前面提到的采面瓦斯浓度分布都是在采面相对稳定条件下测定的，当采煤机割煤时，采面瓦斯分布总体上仍符合上述规律，但瓦斯的涌出更加不均衡。当采煤机在不同位置时，通过对测点的测量发现，由于采煤机位置不断改变且时采时停，其位置改变对采面瓦斯分布影响较大，当采煤机由进风侧向工作面中部割煤过程中，瓦斯涌出主要体现在煤壁和落煤瓦斯，由于其中一部分瓦斯随风流漏入采空区，因而在此范围内采面瓦斯涌出量较小。当采煤机在工作面中部继续向回风方向割煤时，此范围内，原来漏入采空区的风流携带瓦斯又逐渐回流至工作面，从而使工作面瓦斯涌出量逐渐增加。理论分析和实践证明，在矿井通风负压作用下，采空区内的瓦斯大部分聚积在靠近回风巷 30m 范围内，此范围内的支架后面赋存大量的较高浓度的瓦斯，采煤机在此段采煤、推溜、移架时，使采面断面减小，阻力增大，一部分风流再次通过架间通道漏入采空区，由于采空区漏风风流线路短，风流在很短时间内又返回综采工作面，同时将综采支架后部区域的较高浓度瓦斯带入工作面，使得工作面瓦斯急剧增加，造成集中涌出。观测结果表明，综采工作面瓦斯超限一般都是在此段生产时造成的。

2.2.2 试验综采面瓦斯涌出测定

2.2.2.1 综采面瓦斯涌出量测定

在工作面正常生产期间的生产班和非生产班，多次测定瓦斯尾巷中的风速、风量、瓦斯浓度。经过数据整理得到试验综采工作面生产班的风排瓦斯涌出量测定结果和抽采瓦斯量测定结果，如表2-1和表2-2所示，非生产班的测定结果如表2-3和表2-4所示。试验综采面的上隅角有两组 ϕ400mm 和一组 ϕ600mm 的引风管路，通过回风巷（一段进风，一段回风）与尾巷联络巷直接接入尾巷中。试验综采面采用“U+L”型两进一回通风系统，回风巷与尾巷的联络巷设有调节风窗。因此，回风巷中回风流的风速较低，而直接接入尾巷的三组引风管中的风速较高，且引风管的引入段在采空区上隅角及深部区域，引风管中的瓦斯浓度较高，则实测的上隅角引风管中的绝对瓦斯涌出量亦较高。

通过对表2-1~表2-4中实测数据的计算，沙曲矿试验综采工作面生产班工作时的平均风排瓦斯涌出量为63.64m^3/min，抽采瓦斯量为43.18m^3/min，合计106.82m^3/min；非生产班工作时的平均风排瓦斯涌出量为52.87m^3/min，抽采瓦斯量为35.11m^3/min，合计87.98m^3/min。

表2-1 试验综采面生产班的风排瓦斯涌出量测定结果

测定日期	绝对瓦斯涌出量/$m^3 \cdot min^{-1}$				
	皮带巷回风	尾巷十一横贯	上隅角引风管	采空区引风管	小计
09-08	15.26	32.51	11.55	1.48	60.80
09-09	12.89	35.42	13.14	1.32	62.77
09-11	15.09	37.73	10.73	1.53	65.08
09-13	15.01	32.13	12.24	1.16	60.54
09-14	17.20	37.66	12.42	1.23	68.51
09-15	14.49	32.55	11.71	1.28	60.03
09-16	19.40	35.68	11.32	1.53	67.93

续表 2-1

测定日期	绝对瓦斯涌出量/$m^3 \cdot min^{-1}$				
	皮带巷回风	尾巷十一横贯	上隅角引风管	采空区引风管	小　计
09－19	16.45	38.91	13.71	1.49	70.56
09－21	14.36	35.25	12.68	1.35	63.64
09－22	15.70	34.19	14.37	1.28	65.54
09－25	13.75	36.26	10.24	1.23	61.48
09－26	12.84	30.93	12.23	1.66	57.66
09－27	15.51	33.91	12.38	1.23	63.03
09－28	12.52	36.02	13.52	1.29	63.35
平均	15.03	34.94	12.30	1.36	63.64

表 2-2　试验综采面生产班的抽采瓦斯量测定结果

测定日期	抽采瓦斯量/$m^3 \cdot min^{-1}$				
	瓦斯尾巷	高抽巷	本煤层抽放	邻近层抽放	小　计
09－08	21.52	12.67	4.52	2.38	41.09
09－09	24.32	15.23	5.13	2.47	47.15
09－11	19.07	15.02	3.53	2.19	39.81
09－13	21.81	14.57	3.67	2.03	42.08
09－14	20.08	16.97	4.72	2.05	43.82
09－15	19.54	15.84	4.35	1.94	41.67
09－16	25.46	18.86	3.81	1.74	49.87
09－19	20.11	17.32	3.92	2.68	44.03
09－21	23.19	14.67	4.22	2.07	44.15
09－22	18.56	13.97	4.01	2.01	38.55
09－25	19.80	16.34	3.68	1.87	41.69
09－26	23.82	14.57	4.89	1.98	45.26
09－27	18.19	17.82	4.36	1.87	42.24
09－28	20.54	15.92	4.64	2.06	43.16
平均	21.14	15.70	4.25	2.10	43.18

表 2-3 试验综采面非生产班的风排瓦斯涌出量测定结果

测定日期	绝对瓦斯涌出量/$m^3 \cdot min^{-1}$				
	皮带巷回风	尾巷十一横贯	上隅角引风管	采空区引风管	小 计
09 - 08	11.14	29.51	10.73	1.24	52.62
09 - 09	10.89	28.32	8.64	1.08	48.93
09 - 11	13.09	32.73	10.23	1.29	57.34
09 - 13	13.01	29.13	9.38	0.92	52.44
09 - 16	11.38	32.68	10.82	1.29	56.17
09 - 19	14.45	30.94	9.21	1.05	55.65
09 - 21	12.36	26.25	12.18	1.11	51.90
09 - 22	10.17	31.19	8.87	1.04	51.27
09 - 25	11.75	28.26	9.74	0.92	50.67
09 - 26	10.84	27.93	11.73	1.22	51.72
平均	11.91	29.69	10.15	1.12	52.87

表 2-4 试验综采面非生产班的抽采瓦斯量测定结果

测定日期	抽采瓦斯量/$m^3 \cdot min^{-1}$				
	瓦斯尾巷	高抽巷	本煤层抽放	邻近层抽放	小 计
09 - 08	19.52	11.17	4.21	2.21	37.11
09 - 09	15.63	12.15	3.62	1.85	33.25
09 - 11	17.07	13.52	3.22	2.02	35.83
09 - 13	19.81	13.07	3.36	1.86	38.10
09 - 16	15.52	11.34	3.21	1.57	31.64
09 - 19	18.11	10.93	3.61	2.51	35.16
09 - 21	18.19	13.17	3.38	1.68	36.42
09 - 22	16.56	12.47	3.73	1.84	34.60
09 - 25	17.21	10.79	3.37	1.72	33.09
09 - 26	16.82	13.07	4.18	1.81	35.88
平均	17.44	12.17	3.59	1.91	35.11

2.2.2.2　煤壁与采空区瓦斯涌出量测定及计算

由于采空区无法进入，瓦斯涌出又十分复杂，无法直接测量其瓦斯涌出量，因此，我们采用采空区瓦斯涌出系数法进行间接测定。在工作面正常生产期间的生产班和非生产班，于工作面回风侧距皮带巷30m处由煤壁到采空区等距离布置三组测点，测点布置如图2-6所示。多次测定风流中的瓦斯浓度，将数据处理后绘制出图2-7，找出浓度的最低点，并测量浓度最低点到煤壁和采空区的距离。另外，根据图2-7，也可求出煤壁、采空区涌出瓦斯在工作面瓦斯中所占的比例。

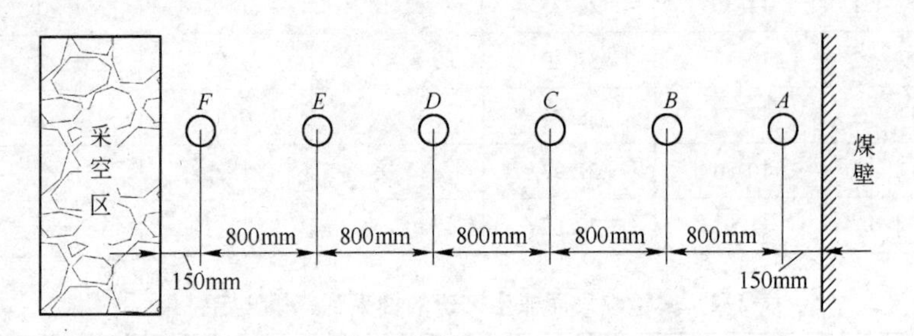

图2-6　工作面煤壁到采空区测点布置图

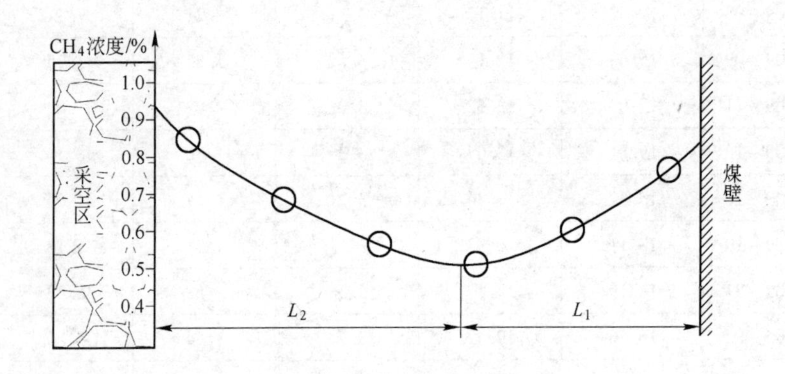

图2-7　工作面横截面瓦斯浓度分布图

整理数据可知，生产班和非生产班的瓦斯涌出比例基本相同。

采空区向采面涌出瓦斯所占比例为:

$$k_1 = \frac{L_2}{L_1 + L_2} = \frac{2480}{4300} = 57.67\%$$

煤壁涌出瓦斯所占比例为:

$$k_2 = \frac{L_1}{L_1 + L_2} = \frac{1820}{4300} = 42.32\%$$

由以上确定的比例，可估算试验综采工作面的瓦斯涌出情况。试验综采工作面在生产班的平均绝对瓦斯涌出量为 106.82m^3/min，此时采空区向采面涌出瓦斯为 106.82×57.67% =61.61m^3/min，煤壁平均涌出瓦斯为 106.82×42.32% =45.21m^3/min。试验综采工作面非生产班的平均绝对瓦斯涌出量为87.98m^3/min，此时采空区向采面涌出瓦斯为87.98×57.67% =50.74m^3/min，煤壁平均涌出瓦斯为87.98×42.32% =37.24m^3/min。

2.2.2.3 邻近层瓦斯涌出量计算

在有邻近层开采条件下，受开采层采动影响的煤层将向开采层工作面和采空区涌出瓦斯。邻近层瓦斯涌出量大小取决于邻近层瓦斯含量、邻近层厚度和层数、开采层采高及邻近层瓦斯排放率，在实际测定过程中，邻近层的瓦斯涌出量较难测定。依据瓦斯涌出源的瓦斯涌出规律，针对沙曲矿的煤层赋存特点，我们认为采空区遗煤的瓦斯涌出量较小，因此，可近似将非生产班的采空区瓦斯涌出量作为邻近层瓦斯涌出量来参考，则试验综采工作面邻近层瓦斯涌出量近似为 50.74m^3/min。

2.2.3 综采面瓦斯涌出影响因素研究

近距离高瓦斯煤层群综采面瓦斯涌出状况是决定采取治理措施及治理效果的主要依据，而瓦斯涌出状况又会因各种因素的影响而发生变化，因此，我们可通过现场实测来进一步研究掌握瓦斯涌出源与其影响因素之间的关系，为沙曲矿综采面瓦斯综合治理提供可靠依据。

2.2.3.1 生产工序与瓦斯涌出的关系

生产工序对工作面的瓦斯涌出影响较大，研究表明采煤瓦斯涌出与机组工作状态和位置有密切关系。生产班各工序（割煤、推溜、移架等）之间虽有滞后时间，但要严格区分各种工序对瓦斯涌出的影响，还是无法做到的，而只能从宏观上对生产班和检修班的瓦斯涌出情况进行对比。

沙曲矿试验综采工作面采用三八制作业形式。图 2-8 是根据试验综采面瓦斯尾巷浓度实测数据绘制而成的，直观反映了试验综采面生产工序与瓦斯涌出的关系。由图可知，生产班尾巷平均瓦斯浓度是检修班的 1.5 ~1.8 倍，且检修班后的第一个生产班的瓦斯浓度平均值略低于第二个生产班的瓦斯浓度平均值。这主要是因为推进速度和产量的不均衡，导致瓦斯涌出也不均衡，把瓦斯涌出的最大值与平均值之比称为瓦斯涌出不均衡系数。由于各瓦斯涌出源的瓦斯涌出强度大多呈指数衰减形式，且连续回采使得第二个生产班瓦斯源的初始瓦斯涌出强度较第一个生产班的大，因此，第二个生产班的瓦斯浓度平均值略高于检修班后的第一个生产班的瓦斯浓度平均值。

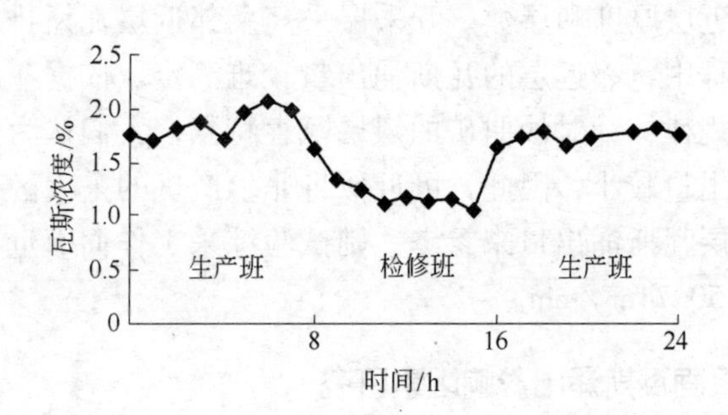

图 2-8 试验综采面生产工序与瓦斯涌出关系

在综采面瓦斯日常管理工作中，检修班瓦斯浓度已成为重要的管理指标，一旦检修班瓦斯浓度异常，必然引起生产班的瓦斯浓度异常，甚至超限。因此，在检修班瓦斯浓度出现异常时，便应开始对生产班采取必要的瓦斯治理措施，以避免生产班瓦斯超限事故发生。

2.2.3.2 配风量与瓦斯涌出的关系

综采面配风量对瓦斯涌出量大小有一定影响，主要是对采空区瓦斯影响较大。配风量过小，上隅角瓦斯经常超限，但配风量过大，又会导致采空区瓦斯涌出量大，同样易造成回风流和上隅角瓦斯超限。因此，合理的配风对控制综采面瓦斯涌出具有重要的作用。为了不影响沙曲矿的正常回采、避免通风系统的紊乱以及保障安全生产，项目组从一段时间内实测的大量数据中整理出不同配风量情况下的皮带巷回风流瓦斯涌出量值，并进行了分析研究。由于未进行专门的配风量调节，配风量的变化范围不大，未能较深刻地反映配风量与瓦斯涌出的关系，但对确定沙曲矿综采面的合理配风量仍具有重要的指导意义。表2-5为综采面配风量与瓦斯涌出实测整理数据表。表中数据显示，试验综采面配风量为1840m^3/min时，瓦斯涌出量及回风流中的瓦斯浓度相对较小；同时，该数据也为分析该综采面抽放瓦斯量与风排瓦斯量的关系提供了依据。

表2-5 试验综采面配风量与瓦斯涌出实测数据

日　期	风量/m^3·min^{-1}	瓦斯浓度平均值/%	瓦斯涌出量/m^3·min^{-1}
2007-08-10	1650	0.96	15.84
2007-08-14	1840	0.78	14.35
2007-08-15	1980	0.88	17.42
2007-08-31	1740	0.89	15.49
2007-09-15	1900	0.90	17.10

2.2.3.3 工作面位于横贯位置与瓦斯涌出的关系

沙曲矿综采面采用“U+L”型（两进一回）通风系统，如图2-9所示。表2-6为工作面位于瓦斯尾巷横贯位置与瓦斯涌出关系的实测数据表。实测结果表明，工作面从十一横贯推进到十横贯过程中，工作面的总瓦斯涌出量变化不明显，但其上隅角的瓦斯浓度变化较大。综采面刚刚越过瓦斯尾巷十一横贯时，工作面上隅角瓦斯浓度最小；在推进过程中，上隅角瓦斯浓度逐渐增大；综采面即将要到达瓦斯尾巷十横贯时，上隅角瓦斯浓度最大，且经常出现超限情况。因此，工作面的瓦斯治理应以工作面接近且尚未越过横贯时的瓦斯浓度不超限为依据。合理的横贯间距（实际两横贯间距为50m）也对控制综采面瓦斯涌出具有重要的作用。

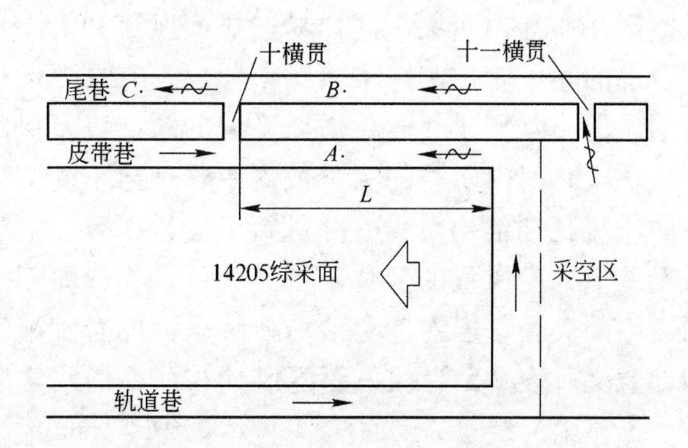

图 2-9　试验工作面位置与十横贯位置关系及通风系统图

表 2-6　工作面位于横贯位置与瓦斯涌出关系实测数据

L/m	测点 A 瓦斯浓度 /%	回风流瓦斯量/$m^3 \cdot min^{-1}$		
		测点 A	测点 B	测点 C
45	0.76	12.18	22.55	36.23
40	0.79	12.97	21.32	36.39
35	0.81	13.63	21.15	36.65
25	0.89	14.12	20.35	36.63
15	0.94	15.63	19.16	36.89
5	0.98	16.85	18.24	37.14

2.2.3.4　产量与瓦斯涌出的关系

统计分析沙曲矿在不同生产产量下的试验综采面瓦斯涌出量数据，可绘制出试验综采面瓦斯涌出量与日产量的关系图（见图

2-10)。从图 2-10 中可以看出，绝对瓦斯涌出量随着日产量的增加也相应地增加，但增高量略低于线性增加。造成此规律的原因是回采速度增高时，相对瓦斯涌出量中开采层涌出分量与邻近层涌出分量都相对减小，且采落煤炭由于快采快运而未增加其在工作面停留排放瓦斯的时间，因此，瓦斯涌出量随产量增加，其增高量略低于线性增加。

沙曲矿设计生产能力为 300 万吨/年，而该矿自 2004 年建成投产以来，一直未达到设计生产能力，实际年产量仅为 100 多万吨。因此，对产量与瓦斯涌出的关系研究可为沙曲矿将来达产时的瓦斯涌出量预测及瓦斯治理提供依据，具有重要的指导意义。

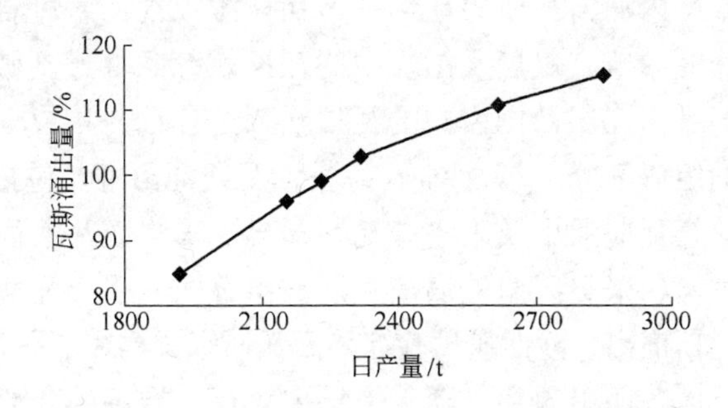

图 2-10 试验综采面瓦斯涌出量与日产量的关系

2.2.3.5 地质因素与瓦斯涌出的关系

沙曲矿开采煤层赋存呈现高瓦斯、近距离、多煤层、不稳定等特点，因此，在开采过程中，地质因素对沙曲矿综采面瓦斯涌出的影响不容忽视。我们结合大量的资料，分析总结了地质因素和瓦斯涌出的关系，指导制定了沙曲矿综采面过断层的瓦斯治理措施。地质因素对瓦斯涌出量的影响主要是指地质因素对开采层瓦斯含量和邻近层及围岩瓦斯含量的影响，进而影响工作面的瓦斯涌出量。影响综采工作面瓦斯涌出的地质因素主要是煤层埋藏深度、煤层和围岩的透气性及地质构造。高产高效工作面由于采面走向较长，工作面从回采开始到结束，采面的标高可能有较大的变化，瓦斯含量也随之变化很大。封闭型地质构造有利于封存瓦斯，开放型地质构造有利于排放瓦斯，闭合而完整的背斜构造并覆盖不透气的地层是良好的储瓦斯构造，在其轴部的煤层往往积存高压瓦斯，形成气顶。断层对瓦斯涌出也有较大的影响，开放性断层会引起断层附近煤层瓦斯含量降低，但封闭性断层一般可以阻止瓦斯的排放，故煤层瓦斯含量往往相对较高。

2.3 高瓦斯煤层群综采面瓦斯涌出量预测模型

2.3.1 高瓦斯煤层群综采面瓦斯涌出源分析

采场范围内涌出瓦斯的地点称为瓦斯源。含瓦斯煤岩层在开采时受采掘作业影响，煤层及围岩中的瓦斯赋存条件遭到破坏，从而造成一定区域内煤层及围岩中的瓦斯涌入工作面，构成采煤工作面瓦斯涌出的组成部分[123]。沙曲矿综采面瓦斯涌出主要包括煤壁瓦斯涌出、采落煤瓦斯涌出及采空区瓦斯涌出。采空区瓦斯涌出又包括围岩瓦斯涌出、采空区两侧煤壁瓦斯涌出、回采残煤瓦斯涌出及上下邻近层瓦斯涌出。沙曲矿试验综采面瓦斯来源构成如图 2-11 所示。其中，采空区各涌出源瓦斯随着采场内煤层、岩层的变形或垮落而卸压，并按各自的规律涌入采空区，混合在一起，再在浓度差和通风负压的作用下涌向工作面。在实际测定过程中，将采空区这五部分瓦斯作为一个瓦斯源来确定采空区的涌出量，不但具有实际意义，而且还可以降低误差[142]。

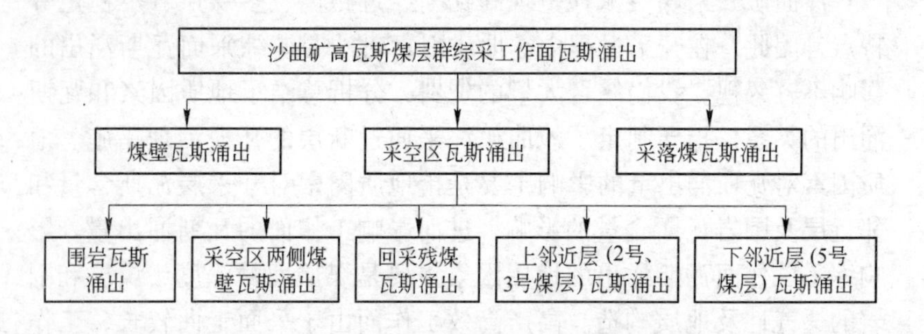

图 2-11 沙曲矿试验综采面瓦斯来源构成图

2.3.1.1 煤壁瓦斯涌出

当回采工作面不断向前推进时，新鲜煤壁不断暴露，在矿山压力的作用下，工作面前方煤体中的应力平衡状态受到破坏、出现透气性大大增加的卸压带，致使工作面前方始终存在着一定的瓦斯压力梯度，从而使煤层中的瓦斯沿着卸压带的裂隙大量涌向工作面，但瓦斯的涌出强度随着煤壁暴露时间的增加而降低[143]。煤壁瓦斯涌出量主要取决于煤层原始瓦斯压力、透气性及工作面推进速度等因素。

2.3.1.2 采落煤瓦斯涌出

随着回采工作面的推进，工作面煤壁上的煤被不断采落、运出，其所含有的瓦斯亦源源不断地释放到回采空间。采落煤呈块粒状，使得煤体的暴露面成倍增加，从而提高了瓦斯解吸强度和速度，并导致瓦斯涌出量的增加。不同块粒度的采落煤的瓦斯放散速度是不同的，粒度越小，瓦斯放散速度越快；粒度越大，瓦斯放散速度越慢。综采面采落煤瓦斯涌出量主要取决于采落煤量、原始瓦斯压力、透气性及落煤的粒径等因素。采落煤瓦斯涌出强度与煤壁相似，也随时间增加而降低。

2.3.1.3 采空区瓦斯涌出

采空区为残留煤及上覆煤岩层垮落形成的多孔介质充填体，各处煤与矸石压实程度差异很大，风压变化较大，造成采空区各点的气体流动速度不同。采空区各涌出源瓦斯按各自的规律涌入采空区，并在浓度差和通风负压的作用下涌向工作面。分析表明，沙曲矿综采面采空区瓦斯主要来源为邻近层卸压瓦斯。沙曲矿 4 号煤层开采后将引起上覆岩层的移动与破断，处于冒落区的 3 号上邻近煤层直接向采空区释放瓦斯，而 2 号煤层卸压瓦斯则通过上覆岩层中形成的采动裂隙向开采层采空区涌入。在工作面推进后，下邻近煤层在地应力的作用下，下位煤岩层产生膨胀变形，煤层透气性大大增加，使得高瓦斯含量的 5 号煤层卸压瓦斯也向采空区涌入[144]。邻近煤层向采空区放散瓦斯的最大距离主要取决于层间岩层性质和细微裂隙的发育程度。由于煤系地层裂隙的发展是不连续且不同步的，因此，邻近煤层的瓦斯涌出具有“跳跃”的性质[58]。而向采空区供给瓦斯的范围，则取决于上下左右区域的煤层赋存情况、层间岩性和顶板管理方法，以及开采空间的形状等。

2.3.2 高瓦斯近距离煤层群综采面瓦斯涌出规律

高产高效综采是国际采煤工业的发展方向和中国煤炭行业的必然选择。高产高效综采具有工作面长、割煤连续、推进速度快及采落煤块小等特点。基于这些特点，其必然带来综采面的绝对瓦斯涌出量急剧增加，并极易造成上隅角及回风流中的瓦斯浓度超限。沙曲矿为高瓦斯且具有煤与瓦斯突出危险的矿井，在现有综合应用多种瓦斯抽放方式情况下，综采面上隅角及回风流中的瓦斯仍经常超限，严重地威胁着采煤工作面的安全，影响着生产效率的提高和经济效益的改善。因此，研究近距离高瓦斯煤层群综采面瓦斯涌出规律对瓦斯的综合治理具有重要意义。

2.3.2.1 高瓦斯近距离煤层群综采面瓦斯涌出特征

通过对开采期间试验综采面瓦斯涌出情况的调研分析，得出近距离高瓦斯煤层群综采面瓦斯涌出特征如下：

(1) 工作面瓦斯涌出强度增大。近距离高瓦斯煤层群综采面相比一般综采面的绝对瓦斯涌出量出现大幅增大，究其原因是由于沙曲矿开采煤层的上下邻近煤层瓦斯量大且距开采煤层距离近，在开采过程中，邻近层大量解析瓦斯通过采动裂隙涌入开采空间。

(2) 局部瓦斯积聚加剧。局部瓦斯积聚特点就是在工作面靠近回风巷十几架液压支架范围内瓦斯经常超限，支架间缝隙的实测瓦斯浓度可达4%以上。在“U+L”型（两进一回）通风系统下，上隅角和回风流瓦斯仍经常超限，断电频繁，严重影响正常生产和矿井安全。

(3) 从瓦斯涌出的来源可以看出，采空区瓦斯是由残留煤和卸压煤层等涌出的瓦斯构成的。工作面初采时，从开切眼开始向前推进，采空区从无到有。随着采空区面积的扩大，采空区内的瓦斯质量浓度也逐渐增大，绝对瓦斯涌出量总体上有逐渐增加的趋势。

（4）在老顶初次垮落之前，采空区的瓦斯涌出量较小；当老顶初次垮落后，采空区的瓦斯涌出量出现一个峰值，以后随着老顶发生周期性垮落，上述过程重复出现。采空区瓦斯涌出量增加到一定值时，在开采条件基本不变的情况下，采空区瓦斯涌出量将趋于稳定[143]。

（5）当回风侧及上隅角使用风帘时，可使瓦斯超限范围减少，但不能从根本上解决上隅角的瓦斯超限问题。

（6）综采面生产班的瓦斯超限幅度和频率明显大于检修班，究其原因是由于检修班煤壁暴露时间长，瓦斯涌出量随时间增长而衰减，进而瓦斯涌出量小；而生产班生产时新鲜煤壁不断暴露，瓦斯涌出量基本处于衰减初期较高涌出量值，同时采落煤亦涌出大量瓦斯，另外生产班的采动影响使顶底板处于活动状态，邻近层受采动影响的卸压瓦斯通过采动裂隙也大量涌出工作面采空区，进而涌入工作面。

2.3.2.2 涌出源瓦斯涌出规律

A 煤壁瓦斯涌出规律

综采工作面瓦斯涌出量大小主要取决于瓦斯源的瓦斯涌出强度，通常，以每平方米煤壁单位时间内涌出的瓦斯量来表示煤壁瓦斯涌出强度。煤壁瓦斯涌出强度的大小取决于煤层的瓦斯压力、煤层的孔隙和裂隙结构、煤对瓦斯的吸附性能以及空间条件。在某一特定的开采条件下，煤壁瓦斯涌出强度是暴露时间的函数。

根据煤体瓦斯流动理论和实际测定结果分析，综采工作面单位面积煤壁的瓦斯涌出强度随时间的变化关系，即瓦斯涌出特性符合下述规律[116]：

$$V_1 = V_0(1 + t)^{-\beta} \tag{2-1}$$

式中 V_1——煤壁暴露 t 时刻时，单位面积煤壁上的瓦斯涌出强度，$m^3/(m^2 \cdot min)$；

V_0——煤壁刚暴露时，单位面积上的瓦斯涌出强度，$m^3/(m^2 \cdot min)$；

β——煤壁瓦斯涌出衰减系数，min^{-1}；

t——煤壁暴露时间，min。

为了确定煤壁瓦斯涌出强度及累计瓦斯涌出量与煤壁暴露时间的关系，在研究中采用巷道测定法对沙曲矿综掘工作面进行了现场观测。在此利用测定的原始数据，进行整理和分析就可得煤壁瓦斯涌出规律。将各测点实测的数据标在 V-t 关系的复对数坐标纸上，可知 V-t 关系近似为幂函数关系。V-t 关系的经验公式可用下式表示：

$$V_1 = 0.261 \times (1 + t)^{0.203}$$

煤壁的瓦斯涌出强度随时间的变化规律，如图 2-12 所示。

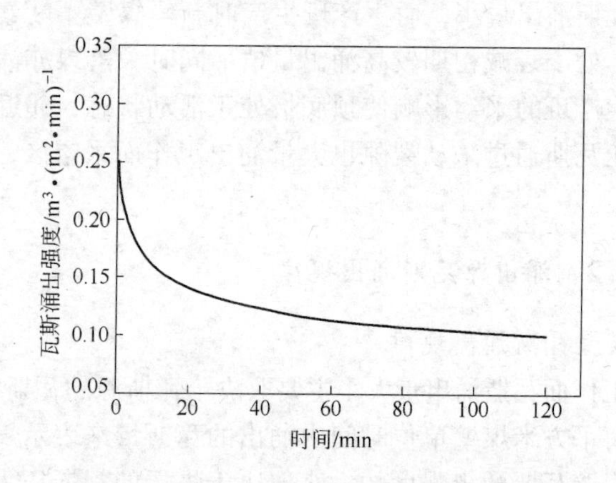

图 2-12　煤壁的瓦斯涌出强度随时间的变化规律

B　采落煤的瓦斯涌出规律

综采工作面的一部分瓦斯是从采落煤中涌出的，不同粒度采落煤的瓦斯放散速度是不同的，粒度越小，瓦斯放散速度越快；粒度越大，瓦斯放散速度越慢。在一般情况下，机械落煤的粒度要比炮采落煤小而均匀，因此提高了煤的瓦斯解吸强度。与煤壁瓦斯涌出一样，块粒采落煤的瓦斯解吸强度也随着时间的增加而减少。

在综采工作面，采落煤内的瓦斯在连续运行的刮板运输机上沿工作面长度方向连续不断地涌入工作面，根据瓦斯流动理论及实测数据分析，可以得出采落煤的瓦斯涌出规律为[116]：

$$V_2 = V_1 e^{-\alpha t} \tag{2-2}$$

式中　V_2——采落煤在综采工作面停留 t 时刻后的瓦斯涌出强度，$m^3/(t \cdot min)$；

V_1——采落煤的初始瓦斯涌出强度，$m^3/(t \cdot min)$；

α——采落煤瓦斯涌出衰减系数，min^{-1}；

t——采落煤在工作面的停留时间，min。

综合机械化采煤工作面空间存在的残留煤块，在逐渐进入采空区的过程中仍然会连续不断地释放其残存瓦斯并逐渐进入工作面，其瓦斯涌出规律也符合式（2-2）。

对采落煤瓦斯涌出量基础参数的测定应用巷道测定法进行测定。我们利用测定的原始数据，进行整理计算得：

$$\beta = 0.084 min^{-1}, \quad q_0 = 0.189 m^3/(m^2 \cdot min)$$

则采落煤的 V-t 关系的经验公式可用下式表示：

$$V_2 = 0.189 \times e^{0.084t}$$

采落煤的瓦斯涌出强度随时间的变化规律，如图 2-13 所示。

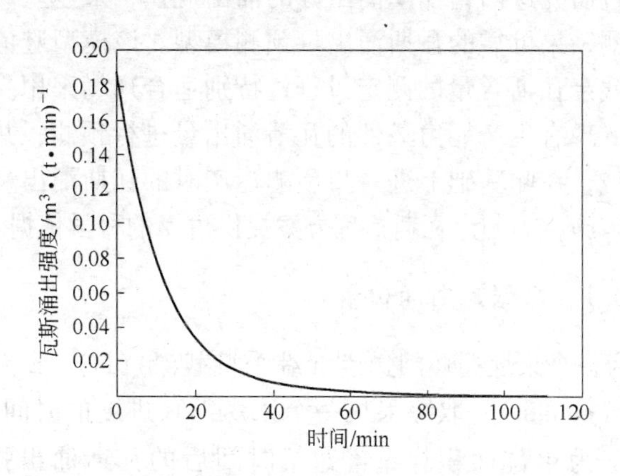

图 2-13　采落煤的瓦斯涌出强度随时间的变化规律

C　邻近层瓦斯涌出规律

一般情况下，当开采煤层附近的地层中具有邻近煤层时，本煤层开采后，由于围岩的移动和地应力的重新分布，地层中会产生大量的裂隙，这些裂隙使采空区和邻近层贯通，形成瓦斯压力梯度场，从而产生层间瓦斯越流。邻近层瓦斯涌出量主要取决于邻近层瓦斯含量、本煤层的开采推进速度、层间距和采长等。

2.3.3 综采面瓦斯涌出量预测模型研究

在实际测定过程中要想严格区分如图 2-11 所示的各瓦斯涌出源的瓦斯涌出量，是十分困难的，但是对于按照瓦斯涌出源的瓦斯涌出规律建立瓦斯涌出量预测模型，则是可行的。以往的研究是根据有关的瓦斯涌出资料进行统计分析，确定各部分瓦斯涌出系数来计算采面各涌出源的瓦斯涌出量。例如抚顺分院的国家重点科技攻关成果“分源预测法”，就是根据上述方法来计算采空区的各涌出源的瓦斯涌出量的，其计算模型系数基本上是不变的，而且随意性较大，当系数选择不合理时，误差较大。因此，这里根据综合机械化采煤的特点和瓦斯流动理论，将瓦斯涌出源划分为煤壁瓦斯涌出、采落煤瓦斯涌出、采空区（残煤）瓦斯涌出及上下邻近层瓦斯涌出四个部分，通过研究这四种瓦斯涌出源的涌出规律，来建立一种适应范围广、预测结果可靠的瓦斯涌出量预测模型。该模型避免了原煤瓦斯含量和残余瓦斯含量的测定过程，特别适合现场采用。运用该模型对沙曲矿现有生产能力条件的瓦斯涌出量进行预测，并与现场实测进行验证，在此基础上进一步预测达产时的瓦斯涌出量，以便采取针对性措施，为制定瓦斯治理方案提供可靠的科学依据。

2.3.3.1 煤壁瓦斯涌出量

令 l 为一个采煤循环的进度（综采机截深）(m)，u 为工作面平均推进度（m/min），取综采机一个采煤循环进度的时间为 $t_1 = l/u$ (min)，V_1 为单位面积煤壁经过 t 时间后的瓦斯涌出强度（$m^3/(m^2 \cdot min)$），则单位面积煤壁瓦斯涌出量为：

$$q_1 = \int_0^{t_1} V_1 \mathrm{d}t \tag{2-3}$$

将式（2-1）代入式（2-3），化简积分后得：

$$q_1 = V_0\left[\frac{(1+t_1)^{1-\beta}}{1-\beta} - \frac{1}{1-\beta}\right] \tag{2-4}$$

式中 q_1——煤壁经过 t_1 时刻后，单位面积煤壁瓦斯涌出量，m^3/m^2。

令工作面的有效暴露面积为：

$$S = m(L - 2L_H)$$

将 $t_1 = l/u$ 代入式（2-4），则累积的煤壁瓦斯涌出量 Q_{1T} 为：

$$Q_{1T} = m(L - 2L_H)V_0\left[\frac{(1+l/u)^{1-\beta}}{1-\beta} - \frac{1}{1-\beta}\right] \tag{2-5}$$

式中 Q_{1T}——综采工作面煤壁累计瓦斯涌出量，m^3；

V_0——煤壁刚暴露时，单位面积上的瓦斯涌出强度，$m^3/(m^2 \cdot min)$；

m——煤层采高，m；

L——工作面长度，m；

β——煤壁瓦斯涌出衰减系数，min^{-1}；

L_H——瓦斯排放带宽度，m，在无实测值或为了计算方便时可以参照表2-7取值。

表2-7 巷道瓦斯预排等值宽度 (m)

暴露时间/d	无烟煤	瘦 煤	焦 煤	肥 煤	气 煤	长烟煤
25	6.5	9.0	9.0	11.5	11.5	11.5
50	7.4	10.5	10.5	13.0	13.0	13.0
100	9.0	12.4	12.4	16.0	16.0	16.0
160	10.5	14.2	14.2	18.0	18.0	18.0
200	11.0	15.4	15.4	19.7	19.7	19.7
250	12.0	16.9	16.9	21.5	21.5	21.5
300	13.0	18.0	18.0	23.0	23.0	23.0

设一个循环采煤量为：

$$G_1' = \delta mlCL$$

式中 δ——煤的密度，t/m^3；

m——煤层采高，m；

l——一个采煤循环的进度（综采机截深），m；

L——工作面长度，m；

C——工作面回采率。

则煤壁瓦斯相对涌出量 Q_1 为：

$$Q_1 = \frac{V_0(L - 2L_H)}{\delta CLl}\left[\frac{(1 + l/u)^{1-\beta}}{1 - \beta} - \frac{1}{1 - \beta}\right] \tag{2-6}$$

式中　Q_1——综采工作面煤壁瓦斯相对涌出量，m^3/t；

V_0——煤壁刚暴露时，单位面积上的瓦斯涌出强度，$m^3/(m^2 \cdot min)$；

L_H——瓦斯排放带宽度，m；

u——工作面平均推进速度，m/min；

β——煤壁瓦斯涌出衰减系数，min^{-1}。

煤壁瓦斯绝对涌出量为：

$$Q_1' = \frac{mu(L - 2L_H)V_0}{l}\left[\frac{(1 + l/u)^{1-\beta}}{1 - \beta} - \frac{1}{1 - \beta}\right] \tag{2-7}$$

为了计算方便，对厚煤层回采时的下部煤层及放顶煤回采工作面的悬顶煤所涌出的瓦斯量，可按层间距为零的邻近煤层计算。因此，式（2-7）也适用于厚煤层分层回采时的上分层或放顶煤回采时工作面煤壁瓦斯涌出量的计算。

2.3.3.2　采落煤的瓦斯涌出量

令 V_2 为单位质量采落煤经过 t 时间后的瓦斯涌出强度，则单位质量采落煤瓦斯涌出量为：

$$q_2 = \int_0^{t_2} V_2 \mathrm{d}t \tag{2-8}$$

将式（2-2）代入式（2-8），化简积分后得：

$$q_2 = \frac{V_1}{n}(1 - e^{-nt_2}) \tag{2-9}$$

式中　q_2——采落煤经过 t_2 时刻后，单位质量采落煤瓦斯涌出量，

m^3/t;

V_1——采落煤的初始瓦斯涌出强度，$m^3/(t\cdot min)$;

t_2——采落煤在掘进巷道的停留时间，min。

则采落煤的累计瓦斯涌出量为:

$$Q_{2T} = \int_0^{L-2L_H} q_2 \mathrm{d}A \tag{2-10}$$

将式（2-9）代入式（2-10）得:

$$Q_{2T} = \int_0^{L-2L_H} \frac{V_1}{n}(1 - e^{-nt_2})\mathrm{d}A \tag{2-11}$$

式中 Q_{2T}——采落煤累计瓦斯涌出量，m^3;

t_2——采落煤在综采工作面的停留时间，min，其表达式为:

$$t_2 = (L - L_H - x)/v_2$$

v_2——采煤机平均牵引速度，m/min;

$\mathrm{d}A$——在牵引机方向上的微元长度 $\mathrm{d}x$ 上采落煤的质量，t，其表达式为:

$$\mathrm{d}A = C\delta ml\mathrm{d}x$$

C——工作面回采率;

δ——采落煤的密度，t/m^3。

式（2-11）又可以写成如下表达式:

$$Q_{2T} = \int_0^{L-2L_H} \frac{V_1}{n}(1 - e^{-n(L-L_H-x)/v_2})C\delta ml\mathrm{d}x \tag{2-12}$$

化简积分式（2-12）后，得采落煤的瓦斯相对涌出量为:

$$Q_2 = \frac{V_1}{nL}\left[(L - 2L_H) - \frac{v_2}{n}(e^{-nL_H/v_2} - e^{-n(L-L_H)/v_2})\right] \tag{2-13}$$

式中 Q_2——采落煤的瓦斯相对涌出量，m^3/t。

2.3.3.3 采空区残煤的瓦斯涌出量

假设残煤均匀地分布在工作面煤壁到采空区中，则在工作面推进的相反方向上，残煤的累计瓦斯涌出量为:

$$Q_{3T} = \int_0^{l_1+l_2} V_3 \mathrm{d}A \tag{2-14}$$

式中　Q_{3T}——采空区残煤累计瓦斯涌出量，m^3；

V_3——采空区残煤在工作面停留 t 时刻后的瓦斯涌出强度，$V_3 = V_2$，$m^3/(t \cdot min)$；

l_1——工作面煤壁到后方液压支架的距离，m；

l_2——采空区沿工作面推进方向上的瓦斯浓度非稳定区域的宽度（一般取30），m。

令 dA 为在工作面推进相反方向上的微元长度 dx 上的采空区残煤质量，则：

$$\mathrm{d}A = (1 - C)\delta m(L - 2L_H)\mathrm{d}x \tag{2-15}$$

由 $V_3 = V_2$，结合式（2-2），将式（2-15）代入式（2-14）并整理，得：

$$Q_{3T} = \int_0^{l_1+l_2} V_1 \mathrm{e}^{-nt}(1 - C)\delta m(L - 2L_H)\mathrm{d}x \tag{2-16}$$

式中　t——采空区残煤的有效停留时间，min，其计算式为：

$$t = x/u$$

u——工作面平均推进速度，min。

将式（2-16）化简积分，且设一个循环采煤量为 $G_3' = \delta CmlL$，则采空区残煤的瓦斯相对涌出量为：

$$Q_3 = \frac{V_1(1 - C)(L - 2L_H)}{CnlL}\left(1 - \mathrm{e}^{-\frac{l_1+l_2}{u}n}\right) \tag{2-17}$$

式中　Q_3——采空区残煤瓦斯相对涌出量，m^3/t；

n——采空区残煤瓦斯涌出衰减系数，min^{-1}。

2.3.3.4　邻近层瓦斯涌出量

邻近层瓦斯涌出量，随着推进度的浮动趋势与开采层是一致的。瓦斯涌出量的大小与邻近层的厚度近似于正比关系。因此，邻近层的瓦斯涌出量可用式（2-18）表达，即：

$$Q_4 = Q_1 \Sigma m_i \cdot \eta_i / m \tag{2-18}$$

式中　Q_4——邻近层的瓦斯涌出量，m^3/t；

Q_1——开采层的煤壁瓦斯涌出量，m^3/t；

$\sum m_i$——上、下邻近层的总厚度，m；

η_i——邻近层的排放程度系数；

m——开采层厚度，m。

倾斜及缓倾斜煤层开采时，邻近层瓦斯的排放范围为：在开采层的上部，约为工作面长度的1/2；在开采层的下部，约为工作面长度的1/3。在此范围内邻近层的瓦斯涌出量与层间距近似于反比关系。因此，邻近层瓦斯的排放程度系数，可用式（2-19）和式(2-20)计算，即：

$$\eta_s = 1 - h/(0.50B) \tag{2-19}$$

$$\eta_x = 1 - h/(0.33B) \tag{2-20}$$

式中　η_s，η_x——分别为上、下邻近层瓦斯的排放程度系数；

h——邻近层与开采层的层间距（加权平均值），m；

B——工作面的长度，m。

当上、下临近层中存在页岩时，其也会涌出一定的瓦斯，但砂质页岩和炭质页岩的层厚分别按其原厚度的1/4及1/3计算。

2.3.3.5　综采工作面瓦斯涌出量

如前所述，综采工作面的瓦斯涌出由回采煤壁瓦斯涌出、采落煤瓦斯涌出、采空区残煤瓦斯涌出和邻近层瓦斯涌出四部分组成，将式（2-6）、式（2-13）、式（2-17）和式（2-18）相加得：

$$Q = Q_1 + Q_2 + Q_3 + Q_4 \tag{2-21}$$

式中　Q——综采工作面瓦斯相对涌出量，m^3/t。

2.3.4　综采面瓦斯涌出量预测结果

根据沙曲矿综采面的实际回采条件，运用所建立的瓦斯涌出量预测模型对沙曲矿试验综采面的瓦斯涌出量进行预测，并与现场实测结果进行对比验证，以确定瓦斯涌出模型的有效性，并在此基础上进一步预测不同年产量条件下的瓦斯涌出量，为沙曲矿达产时期的瓦斯治理提供科学依据。

2.3.4.1　工作面回采条件

沙曲矿采用一次采全高长壁采煤法，全部垮落法管理顶板。试验综采工作面的有关回采技术要素如表 2-8 所示。

表 2-8　试验综采工作面回采技术要素

项目名称	数　值	项目名称	数　值
工作面长度/m	200	每循环时间/min	160
采煤高度/m	2.45	每班循环数/个	3
回采率/%	95	班产量/t	1148
推进度/m · d^{-1}	3.6	日循环数/个	6
采煤机截深/m	0.6	日产量/t	2296
割煤速度/m · min^{-1}	5	年产量/Mt	0.827
煤的密度/t · m^{-3}	1.37	年推进度/m	1296

2.3.4.2　瓦斯涌出量预测结果

运用建立的瓦斯涌出量预测模型对试验综采工作面进行预测。预测结果如表 2-9 所示。这里采用综采工作面涌出量预测值和实测统计值进行验证对比，预测误差按式（2-22）计算：

$$\delta = \frac{q_y - q_s}{q_s} \times 100\% \tag{2-22}$$

式中　δ——预测结果相对误差；

q_y——瓦斯涌出量预测值；

q_s——瓦斯涌出量实测值。

表 2-9　沙曲矿试验综采工作面瓦斯涌出量的预测结果

工作面长度/m	采煤高度/m	瓦斯涌出量/m^3 · min^{-1}				
		煤　壁	邻近层	采落煤	残　煤	合　计
200	2.45	33.52	54.08	9.16	1.65	98.41

已知前面实测的综采面瓦斯涌出量值为 101.7 ~ 117.8m^3/min，则预测误差为 3.24% ~16.46%。

从上述验证结果可以看出，综采工作面瓦斯涌出量预测误差小于20%。该结果表明：采用上述综采工作面瓦斯涌出量预测方法对综采工作面的瓦斯涌出量进行预测，其结果与其实际涌出量接近，完全可以满足设计与生产的要求，同时也表明该方法作为沙曲矿综采工作面瓦斯涌出量预测方法是可信且可行的。运用该瓦斯涌出量预测方法对不同推进度情况下的瓦斯涌出量进行预测，预测结果如表2-10所示。

表2-10 沙曲矿试验综采工作面在不同推进度情况下的瓦斯涌出量预测

采煤高度/m	工作面推进度/m	工作面产量/Mt	瓦斯涌出量/$m^3 \cdot min^{-1}$				
			煤壁	邻近层	采落煤	残煤	合计
2.45	1296	0.837	33.52	54.08	9.16	1.65	98.41
2.45	1512	0.976	41.65	63.39	10.48	2.16	117.68
2.45	1728	1.117	47.63	71.78	11.81	2.47	133.69
2.45	1944	1.256	52.56	81.09	13.03	2.77	149.45
2.45	2160	1.396	58.33	89.46	14.26	3.08	165.13
2.45	2376	1.535	62.16	98.75	15.58	3.39	179.88
2.45	2592	1.675	66.22	106.56	16.91	3.7	193.39
2.45	2808	1.814	77.37	121.47	19.83	4.00	222.67
2.45	3024	1.954	83.35	130.86	21.36	4.31	239.88

3 采空区瓦斯运移场及通风系统的研究

采空区瓦斯流动非常复杂，它受到通风、瓦斯密度、浮力以及采空区渗透性等多种因素的影响，而采空区瓦斯分布和流动规律却又是研究瓦斯治理及工作面合理通风方式的关键技术基础[108,145~147]，尤其是高瓦斯、多煤层等复杂地质条件的采空区瓦斯运移规律，对瓦斯的综合治理尤为重要。因此，准确掌握采空区瓦斯分布和运移规律成为瓦斯治理工作的关键前提。

目前，研究采空区瓦斯运移规律比较好的研究方法有现场调研分析、实验室模拟试验和计算机数值模拟。现场实测是解决问题的一个关键环节，也是试验工作和理论分析的基础。但是高瓦斯煤层群的赋存特点决定了采用现场实测数据分析法研究采场瓦斯运移的规律难度大，危险性高，且通过调节通风网路进行现场实测不但要耗费巨大的资金，同时占用大量的人力和物力还会打乱现场的生产秩序，无法保证试验的顺利进行。

物理模拟是一个内涵十分丰富的广义概念，也是一种重要的科学方法和工程手段。相似材料模拟方法是在实验室条件下，按照相似准则，选用与实际岩体相似的材料制备模型。该方法有利于在复杂的试验过程中，突出主要矛盾，便于把握和发现现象的内在联系。由于模型与原型相比，尺寸一般都是按照一定比例缩小的，故制造容易，装拆方便，试验人员少，能节省资金、人力和时间。数值模拟法是指利用一组控制方程来描述一个过程的基本参数的变化关系，采用数值方法求解，以获得该方程的定量认识，是近年来随着计算机的发展而迅速发展起来的一种模拟方法，能够方便有效地对采空区瓦斯流动规律开展研究。数值模拟分析法是对采场瓦斯运移规律进行有效分析的方法之一，本章拟先采用UDEC软件确定采空区基础参数，再在此基础上运用FLUENT软件建立采空区瓦斯三维流动的 CFD 模型并对模拟结果进行分析研究，最后采用相似模拟试验研究适用于高瓦斯煤层群综采面的通风系统。

3.1 采空区基础参数的 UDEC 数值模拟研究

本书是在对沙曲矿试验综采面采空区的实际情况进行调研分析实测和采空区顶板采动裂隙分布特征进行研究的基础上，建立的采空区瓦斯流动的相似模型及数值模型。为了能准确地选择瓦斯抽采钻孔位置，有效提高瓦斯抽采效率，需要对采空区三维空间瓦斯运移规律进行研究，而其基础条件是要确定采空区的基本参数。本章采用 UDEC 数值模拟计算方法确定采空区的“横三区”、“竖三带”范围。

3.1.1 UDEC 软件简介

UDEC 是一种基于非连续体模拟离散单元法的二维数值计算程序，主要模拟静载或动载条件下非连续介质（如节理块体）的力学行为特征。非连续介质是通过离散块体的组合来反映的，节理被当做块体间的边界条件来处理，允许块体沿节理面运动及回转。单个块体可以表现为刚体也可以表现为可变形体。可变形块体再被细化为有限差分元素网格，每个元素的力学特性遵循规定的线性或非线性应力-应变规律，节理的相对运动也遵循法向或切向的线性或非线性力-位移运动关系。对于不连续的节理以及完整的块体，UDEC 都有丰富的材料特性模型，从而允许模拟不连续的地质或相近材料的力学行为特征。UDEC3.0 提供了适合岩土的 7 种材料本构模型和 5 种节理本构模型，能够较好地满足不同岩性和不同开挖状态条件下的岩层运动的需要，是目前模拟岩层破断后移动过程较为理想的数值模拟软件。UDEC 离散单元法数值计算工具主要应用于地下岩体采动过程中岩体节理、断层、沉积面等对岩体逐步破坏的影响评价。UDEC 能够分析研究直接和不连续特征相关的潜在的岩体破坏方式。实践证明，UDEC 是研究本课题理想的数值模拟计算工具。

3.1.2　UDEC 数值模型的建立

模拟对象为沙曲矿试验综采面，平均采深为500m，煤层平均厚度为2.45m，采用走向长壁后退式采煤法。采用 UDEC 建立基本开采模型，施加边界条件进行求解后，获取各个单元的应力和位移分布，进而确定“横三区”、“竖三带”及关键层的范围。模型对现场状况进行简化，且由于本煤层倾角较小，倾斜模型与水平模型的数值模拟结果相近，因此，为了计算方便，模型为水平模型，尺寸为400m×125m。

3.1.2.1　数值模拟基本假设

在数值模拟过程中，为了使计算结果更接近实际情况，对岩体介质性质、计算模型、矿山地质条件、受力条件等做了必要的假设[148]：

(1) 对矿岩性质的假设。假设矿岩为各向同性均质且符合莫尔-库仑弹塑性模型的介质。

(2) 对计算模型的假设。对地下工程开采来说，地下矿山开采是一个空间问题，应采用三维空间计算模型更为合理。但一般来说，在同等条件下，二维数值模拟结果与三维数值模拟的计算结果比较接近。因此，计算模型简化为二维平面模型。

(3) 工作面结构的简化。为模拟方便，对巷道工程、采矿工作面的开挖步数等不予考虑，模拟时简化为实体。

(4) 计算时不考虑与时间有关的物理量。

3.1.2.2　数值模型计算参数

岩石是一种脆性材料，当荷载达到屈服强度后将发生破坏、弱化，应属于弹塑性体。对于弹塑性材料，其破坏判据准则有德拉克-普拉格准则和莫尔-库仑准则。建立的模型采用莫尔-库仑准则。计算模型中采用的岩层力学参数包括弹性模量、泊松比、内聚力、内摩擦角、抗拉强度和密度等参数。根据该矿以前开展的科研项目中的煤岩物理力学性质参数及相关数据资料[149]，得数值模拟所需试验综采面煤层以及顶底板岩层的岩石力学参数如表3-1所示。

表3-1 煤岩层力学参数

层序	岩层名称	厚度 /m	D /kg·m^{-3}	E /GPa	μ	B /GPa	S /GPa	F /(°)	C /GPa
1	上覆岩层	55	2510	42.9	0.187	22.84	18.07	32	8.5
2	中砂岩	2.65	2600	10.5	0.2	5.83	4.38	36	1.56
3	砂质泥岩	2.6	2520	15	0.182	7.86	6.35	35	7
4	细砂岩	3.42	2580	50	0.159	24.44	21.57	33	8
5	中细砂岩	6.25	2590	37.5	0.174	20.12	16.34	34	5
6	砂质泥岩	4.38	2467	15	0.182	7.86	6.35	32	7
7	粉砂岩	1.5	2932	58	0.266	55.56	30.81	32	8
8	中砂岩	4.03	2600	10.5	0.2	5.83	4.38	36	1.56
9	砂质泥岩	5.31	2520	17	0.191	9.17	7.14	35.5	7
10	中砂岩	2.69	2600	10.5	0.2	5.83	4.38	36	1.56
11	砂质泥岩	1.84	2520	15	0.182	7.86	6.35	35	7
12	2号煤层	0.6	1380	1.5	0.28	1.14	0.59	28	2
13	粉砂岩	1.22	2932	58	0.266	55.56	30.81	32	8
14	砂质泥岩	5.72	2467	15	0.182	7.86	6.35	32	7
15	3号煤层	1.07	1380	1.5	0.28	1.14	0.59	28	2
16	泥　岩	3.27	2932	78	0.266	55.56	30.81	32	8
17	砂质泥岩	5.13	2520	17	0.191	9.17	7.14	35.5	7
18	细砂岩	0.98	2580	50	0.159	24.44	21.57	33	8
19	4号煤层	2.45	1380	1.5	0.28	1.14	0.59	28	2
20	砂质泥岩	2.85	2520	17	0.191	9.17	7.14	35.5	7
21	泥　岩	3.44	2500	19	0.204	10.7	7.9	32	7
22	5号煤层	2.78	1380	1.5	0.28	1.14	0.59	28	2
23	K_3砂岩	5.82	2580	50	0.159	24.44	21.57	33	8

3.1.2.3 结构单元的划分

研究的主要对象是煤层顶板及其上覆岩层。在现场观测的基础上，确定4号煤层顶板的直接顶分三层，第一层块度为1.0m×4.0m，第二层块度为2.0m×5.0m，第三层块度为6.0m×5.0m，老顶的断裂步距取20~40m。老顶模拟块度为6.0m×5.0m。

3.1.2.4 模型边界条件设定

在选定计算模型范围的基础上，确定边界条件。边界条件设定如下：

（1）上部边界条件。老顶上方载荷与上覆岩层的重力（$\Sigma\gamma h$）有关。在本模型中，载荷的分布形式简化为均布载荷。上部边界条件为应力边界条件，即：

$$q = \Sigma\gamma h = 2500 \times 10 \times 400 = 10.0\text{MPa}$$

（2）下部边界条件[150]。本模型的下部边界为底板，简化为位移边界条件，在X方向上可以运动，在Y方向上看做固定的铰支，即$v=0$。

（3）左侧和右侧边界条件[151]。本计算模型的左侧和右侧边界均为实体煤和岩体，简化为位移边界条件，在Y方向上可以运动，在X方向上看做固定的铰支，即$u=0$。

3.1.3 模型Ⅰ的建立与结果分析

3.1.3.1 模型Ⅰ的建立

计算模型选取工作面的倾向方向（煤壁方向）为X轴，沿煤壁竖直向上方向为Y轴。其中，在X轴方向上，工作面顺槽两侧实体煤侧各取100m，工作面切眼长度为200m；在Y轴方向上，按照地质综合柱状图选定4号煤层底板往下14.89m，4号煤层顶板往上107.66m，模型尺寸为400m×125m。选用莫尔-库仑模型进行计算。

模拟计算过程为：

（1）以原始的地质条件和岩层的实际力学参数及赋存状态为基础，按照表3-1所示的参数在模型中进行相应的布置，加设边界条件，运行至模型的平均不平衡力为最大不平衡力的1/10000，使模型基本处于平衡状态。原始围岩结构计算模型如图3-1所示。

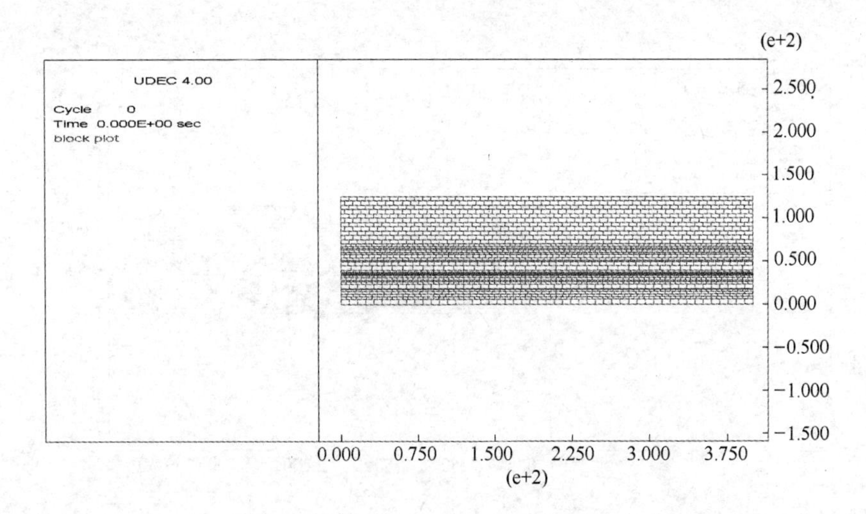

图 3-1 原始围岩结构计算模型

（2）进行切眼开挖，一次成型，切眼长度为 200m。

（3）运算至模型平衡，研究顶板垮落后“竖三带”的分布情况。

3.1.3.2 模型Ⅰ计算结果分析

运用 UDEC 软件对设计的数值模型进行模拟计算，计算结果如下所述。

A 模型位移矢量与应力计算结果

在模型达到平衡以后，上覆岩层的位移矢量图与应力等值线分布图分别如图 3-2 ~ 图 3-4 所示。

从图 3-2 中可以看出，工作面在倾向方向上垮落时，顶板位移速度从中间往两顺槽方向逐步变小，位移量也是工作面中部大于两端。

图 3-3 所示为 X 方向的应力等值线分布图。从图中可以看出，在竖直方向上，煤层顶板中下部等值线稀疏，且水平应力值较小；顶板上部等值线较密，且水平应力值较大。该结果表明中下部岩层冒落、离层已经充分发育，岩层失去对应力的抵抗作用；而上部岩

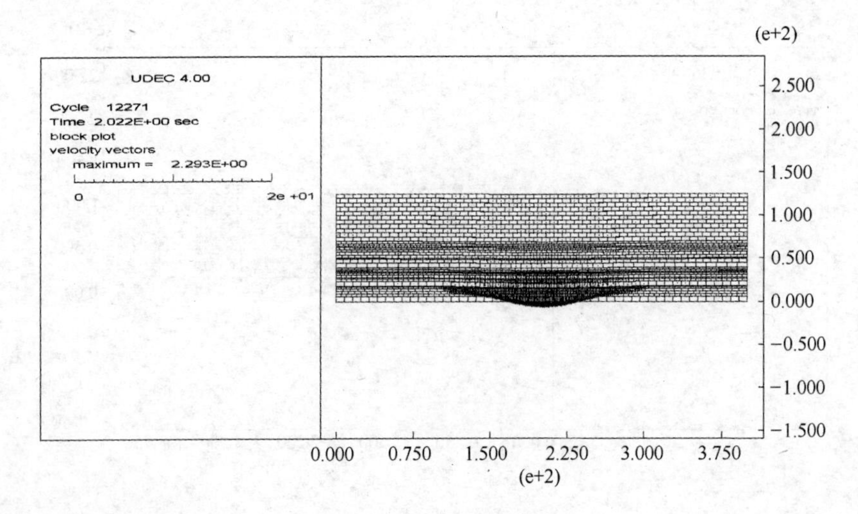

图 3-2 模型位移矢量图

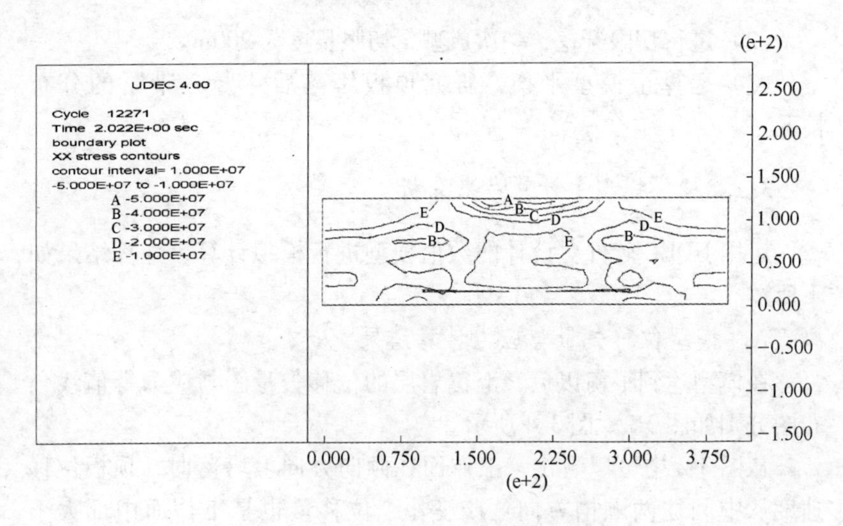

图 3-3 模型 X 方向应力等值线分布图

层仅有稍微弯曲下沉，依然承受着上部岩层的应力作用，且应力在竖直方向上由下而上逐渐递增。

图 3-4 所示为 Y 方向应力等值线分布图。应力等值线计算结果表明，随着工作面煤层的开采，煤层及其顶板岩层中垂直应力状态

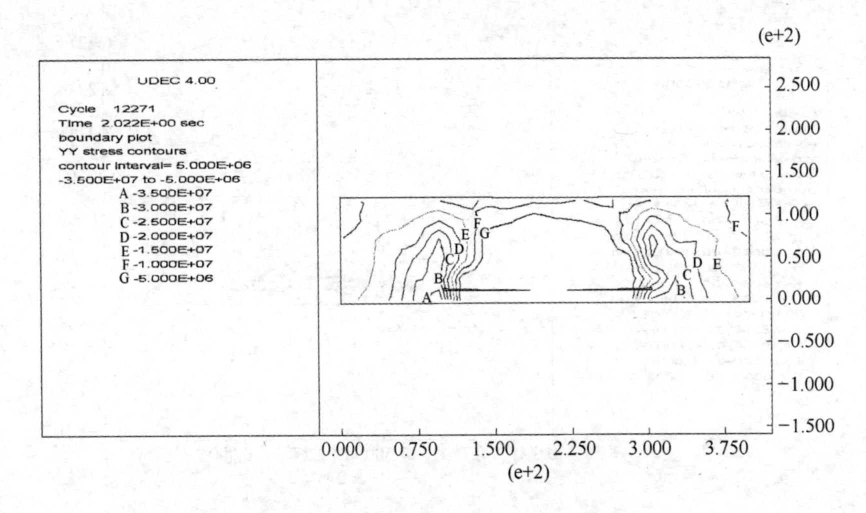

图3-4 模型Y方向应力等值线分布图

分布明显表现为工作面前方出现应力升高区、应力峰值区和应力降低区。在达到平衡以后，采空区两侧顺槽处受的应力集中程度最大，这是因为在顶板冒落带和裂隙带岩层垮落或者离层之后，应力得到释放，应力集中区域向两侧转移造成的。

在采空区上方的覆岩因卸载而形成压力拱，表现为低压力分布区。这是因为采空区顶板中部的冒落带和裂隙带在发生垮落或者离层之后，应力得到释放造成的。中部顶板垮落后充满采空区并压实，而两端头靠近两顺槽处受煤柱支撑没有完全垮落，形成了非压实区，从而为瓦斯赋存和流动提供了空间。

B 模型垂直位移计算结果分析

通过模拟计算达到平衡以后，整个模型的单元垂直位移曲线的计算结果如图3-5所示。

从计算结果图3-5中可以看出，计算达到平衡稳定后，在开挖切眼的顶板上方一定距离内，顶板下沉量和下沉速度明显大于上覆岩层的下沉量和下沉速度。从图中的切眼开挖边界也可以看出，在切眼中部，边界消失，即上下边界重合，也就是顶板岩层和底板岩层相接触，即顶板垮落。

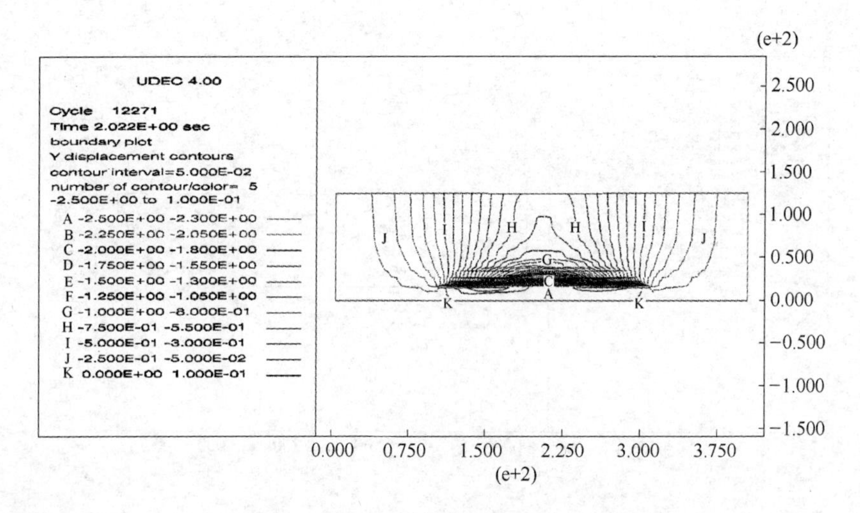

图 3-5　岩层 Y 方向位移等值曲线分布图

从图 3-5 中可以看出，岩层 Y 方向位移量小于 0.75m 的位移等值线比较稀疏，并在采空区中部区域发生凸起现象，这表明该区域岩层下沉量都比较相近，且顶板中间岩层位移量大于两侧的位移量，即上覆岩层的变形趋势比较一致，但该位置岩层未发生破断。而在 0.75m 曲线以下的岩层下沉量较大，说明顶板在离层或者垮落以后，由于碎胀系数的存在，顶板岩层的下沉量存在较大差异。因此，我们初步判定顶板位移下沉量小于 0.75m 的区域为弯曲下沉区域，即 $Y=55$m 的位置为弯曲下沉带与裂隙带的分界线。

在图 3-5 中还可以看出，在 Y 方向位移量大于 0.75m 的范围内，还有一个分界线，该分界线是 Y 方向位移量为 1.50m 的等值线。从图中可以看出，在采空区上部中间区域的 1.50m 的等值线处，等值线密集，说明位移变化很快，有一个突变。该位置上部的位移变化较稳定，相对下部的位移曲线也较稀疏；该位置下部的位移还不是定数。事实上，裂隙带由于变形小，各个参数值具有确定值，因此都将趋于收敛，而冒落带由于各个位置在冒落后位置都不确定，其受力也具有不确定性，故其参数趋于不收敛。因此，我们将突变位置上部岩层区域确定为裂隙带，下面部分区域（采空区底板上部）

确定为冒落带。基于此，我们判定突变位置即 $Y=25\text{m}$ 的位置为裂隙带与冒落带的分界线。

根据上述数值模拟结果可知：冒落带高度约10m，裂隙带高度约40m。

3.1.4 模型Ⅱ的建立与结果分析

3.1.4.1 模型Ⅱ的建立

计算模型选取工作面的走向方向（顺槽方向）为 X 轴，沿煤壁竖直向上方向为 Y 轴。其中，在 X 轴方向上，老塘侧取实体煤100m，工作面推进长度从60m开始，循环进尺为10m开挖；在 Y 轴方向上，按照地质综合柱状图选定4号煤层底板往下14.89m，4号煤层顶板往上107.66m，模型尺寸为 $400\text{m}\times125\text{m}$。选用莫尔-库仑模型进行计算。

模拟计算过程为：

（1）依据岩层的实际力学参数和赋存状态，在模型中进行相应的岩层布置及参数设计，加设边界条件，运行至模型的平均不平衡力为最大不平衡力的1/10000，使模型基本处于平衡状态。

（2）进行工作面开挖（推进长度从60m开始），一次成型。

（3）确定顶板岩层中的监测线和监测点，监测顶板下沉量。共设置监测点13个，监测点坐标如表3-2所示。

表3-2 模型Ⅱ位移监测点布置表

测点	X	Y	测点	X	Y	测点	X	Y
1	130	18	6	160	25	11	160	45
2	160	18	7	160	27	12	160	50
3	160	19	8	160	30	13	160	55
4	160	21	9	160	35			
5	160	23	10	160	40			

（4）运算至模型平衡状态，形成稳定结构后，进行逐步开挖，

循环进尺为10m，直到初始直接顶板的监测点垮落并且上部岩层的监测点位移达到平衡。

3.1.4.2 模拟计算结果分析

依据数值模拟计算步骤逐步开展计算，当运算到开挖距离达到280m的时候，监测点1和2的位移达到2.40m且被压实，其上部的冒落带内的监测点3～7也都在冒落后被压实；其他上部监测点8～13的位移也达到了基本稳定。模拟计算结果如图3-6～图3-10所示。

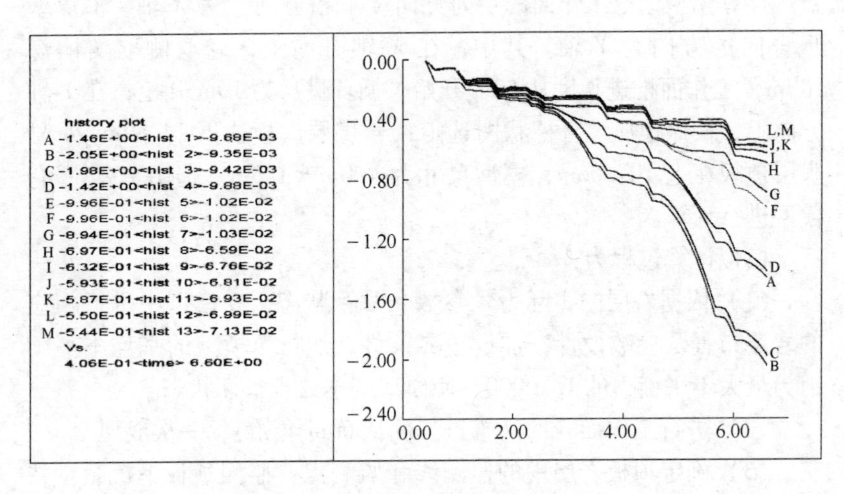

图3-6 监测点位移变化曲线

从监测点的位移变化曲线图3-6中可以看出，顶板监测点的位移随着每一次开挖均有一次明显下沉，但是当位移达到最大并压实过程中，位移变化比较小；最终是垮落带的岩层垮落，裂隙带和弯曲下沉带的岩层变形基本处于稳定。

从模型Ⅱ平衡时的边界图3-7中可以看出，在运算达到平衡以后，推进工作面会使采空区上方顶板岩体垮落并形成压实区和离层区。根据模型计算结果分析可以得出：工作面推进到280m处时，采空区内从120m至160m处共有35m范围处于重新压实区，而160m至280m处的120m左右区域则包含离层区和煤壁支撑影响区。经现场调研，沙曲矿试验综采面的老顶垮落步距约为20m，结合国内研

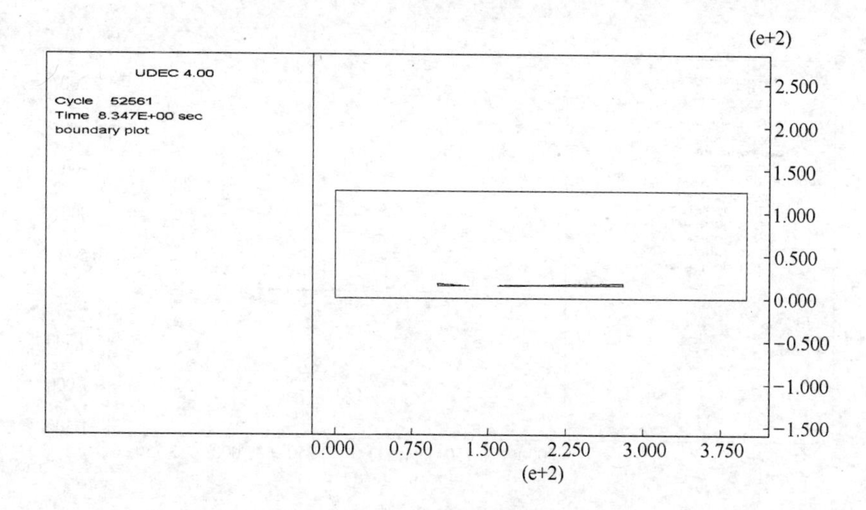

图 3-7 模型Ⅱ平衡时的边界图

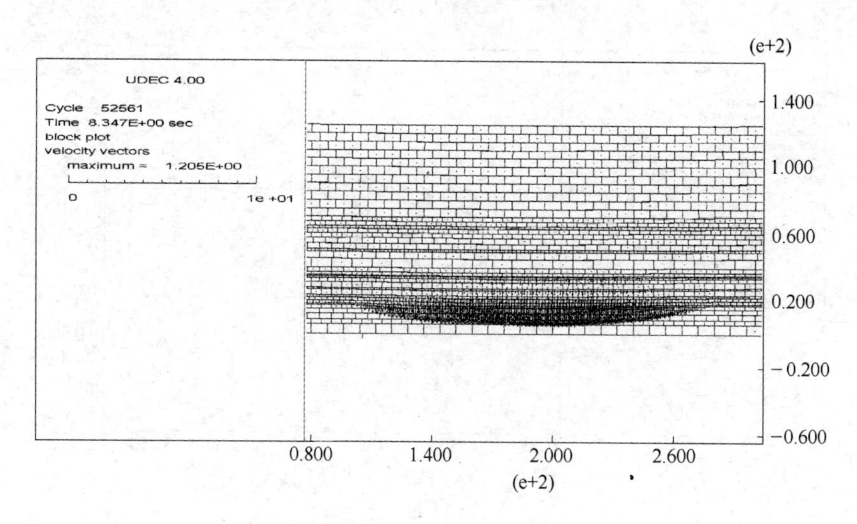

图 3-8 模型位移矢量图

究现状，拟采用20m作为煤壁支撑影响的距离。随着工作面继续向前推进，重新压实区的范围将逐渐变大，而离层区范围则基本保持不变，这是因为工作面在推进过程中，采空区顶板也在逐步的垮落压实，这是一个同时进行的过程。从图3-7中还可以看出，在靠近

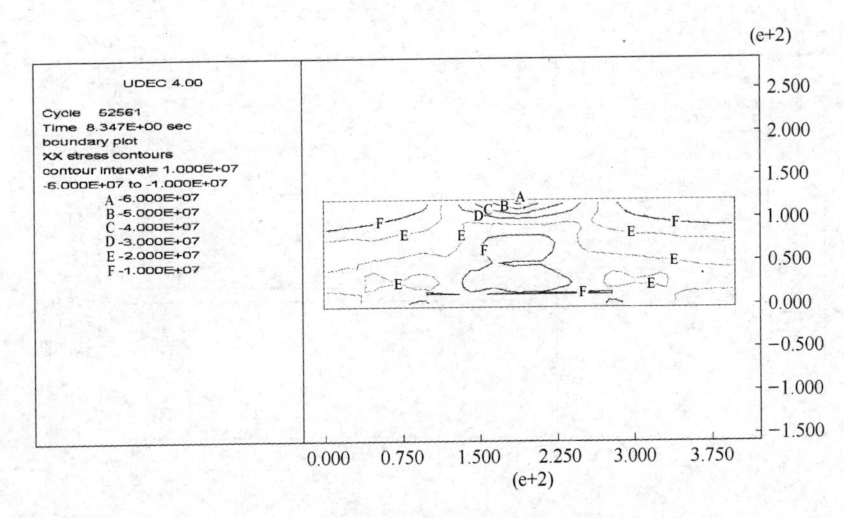

图 3-9 模型水平应力等值线分布图

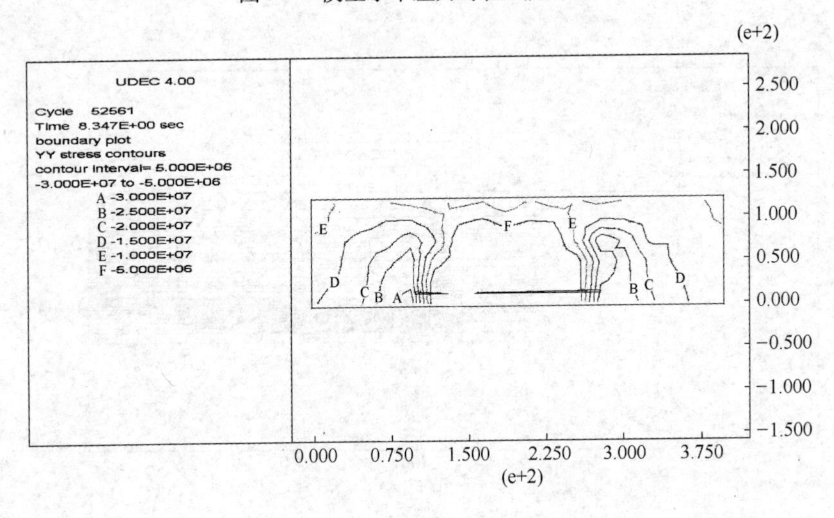

图 3-10 模型垂直应力等值线分布图

老塘边界和靠近工作面的地方采空区顶板没有完全压实，这是因为老塘侧有永久煤柱支撑，而工作面侧有煤壁支撑。这两个空间加上工作面上下端顺槽处的空间连接在一起就形成了一个“O”形圈，这就是采空区瓦斯赋存和流动的主要空间和通道。

从图3-8中可以看出，在工作面推进过程中，顶板是随着推进而同步下沉和垮落的。从图3-9和图3-10的应力等值线分布图中可以得出，工作面推进以后，应力集中区域逐步向煤柱前方推进，而采空区上方的应力则得到释放并重新分布，最终在重新压实后达到原岩应力水平。

根据本节对沙曲矿试验综采工作面上覆岩层顶板采动裂隙分布特征的数值模拟计算分析，可得出如下结论：

(1) “竖三带”的分布情况。冒落带高度约为10m，裂隙带高度约为40m，裂隙带以上为弯曲下沉带。

(2) “横三区”的分布情况。重新压实区位于工作面煤壁往采空区方向120m左右,离层区长度约为100m,煤壁支撑影响区约为20m。

上述研究结论不但为采空区瓦斯运移的实验室相似模型和计算机数值模型提供了必要基础条件，而且为采场上覆岩层的采动裂隙区瓦斯流动的数学模型建立提供了研究依据。

3.2 采空区瓦斯三维渗流的数值模拟研究

3.2.1 FLUENT软件简介

FLUENT软件是由美国的流体技术服务公司Creare公司于1983年开发的工程分析软件，广泛应用于航天工程、旋转机械、航海、石油化工、汽车、能源、计算机/电子、材料冶金、生物医药等领域的研究。FLUENT软件能够高效地解决各领域的复杂流动计算问题，模拟流动、传热和化学反应等物理现象，尤其是其中的多孔介质模型的应用使其可以用来模拟矿井采空区的气体流场。它提供了完全的网格灵活性，可以使用非结构网格和混合型非结构网格。FLUENT是用C语言编写的，具有很大的灵活性与适用能力。在FLUENT中，解的计算与显示可以通过交互界面，菜单界面来完成。计算结果可以用云图、等值线图、矢量图、*XY*散点图等多种方式显示、存储和打印。

3.2.1.1 FLUENT软件构成

FLUENT自身提供的主要功能包括导入网格模型、提供计算的物理模型、施加边界条件和材料特性、求解和后处理。FLUENT 支持的网格生成软件包括 GAMBIT、TGrid、prePDF、GeoMesh 及其他 CAD/CAE 软件包。FLUENT 采用非结构网格以缩短产生网格所需要的时间，简化了几何外形的模拟以及网格产生过程。和传统的多块结构网格相比，它可以模拟具有更为复杂几何结构的流场，并且具有使网格适应流场的特点。

GAMBIT、TGrid、prePDF、GeoMesh 与 FLUENT 有着极好的兼容性。GAMBIT 可生成供 FLUENT 直接使用的网格模型，也可将生成的网格传送给 TGrid，由 TGrid 进一步处理后再传给 FLUENT。在流场的大梯度区域，其可以适应各种类型的网格。但是必须在解算器之外首先产生初始网格，初始网格可以使用 GAMBIT、TGrid 或者某一具有网格读入转换器的 CAD 系统。一旦网格被读入 FLUENT，剩下的任务就是使用解算器进行计算了。计算包括：边界条件的设定、流体物性的设定、解的执行、网格的优化、结果的查看与后处理。具体程序结构见图 3-11。

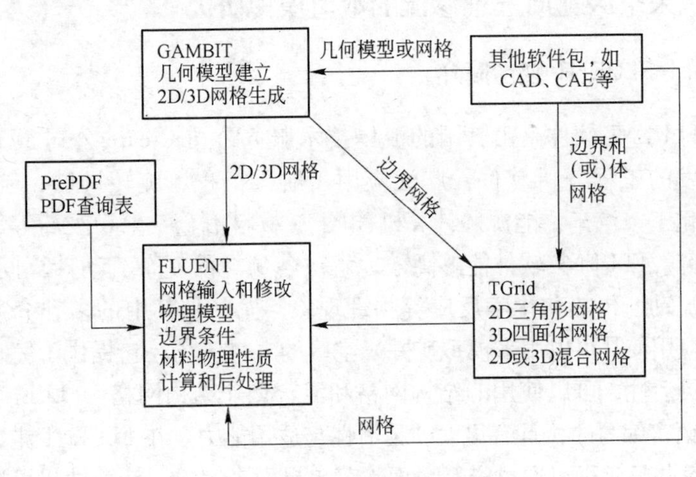

图 3-11　基本程序结构

3.2.1.2　使用 FLUENT 的流程

在使用 FLUENT 解决某一问题前，应针对所要求解的物理问题，制定比较详细的求解方案，需要考虑的因素包括：

（1）定义模型目标；

（2）选择计算类型；

（3）物理模型的选取；

（4）确定解的程序；

（5）选择求解器。

确定所需解决问题的特征之后，就可开始进行 CFD 建模和求解。求解步骤为：

（1）创建网格；

（2）运行合适的解算器：2D、3D、2DDP、3DDP；

（3）输入网格；

（4）检查网格；

（5）选择解的格式；

（6）选择需要解的基本方程：层流还是湍流（无黏）、化学组分还是化学反应、热传导模型等；

（7）确定所需要的附加模型：风扇、热交换、多孔介质等；

（8）指定材料物理性质；

（9）指定边界条件；

（10）调节解的控制参数；

（11）初始化流场；

（12）计算解；

（13）检查结果；

（14）保存结果；

（15）必要的话，细化网格，改变数值和物理模型。

3.2.2 采空区瓦斯渗流的 CFD 模拟理论基础

CFD 模拟研究是为了得到流体流动控制方程的数值解法，它通过时空求解得到所关注的整体流场的数学描述[152~155]。CFD 的基础是建立 Navier-Stokes 方程，它是由一系列描述流体流动守恒定律的偏微分方程组成的。应用 Einstein 张量符号，Navier-Stokes 方程可表示如下：

$$\frac{\partial \rho}{\partial t} + \frac{\partial \rho u_j}{\partial x_j} = 0 \tag{3-1}$$

$$\rho \frac{\partial u_i}{\partial t} + \rho u_j \frac{\partial u_i}{\partial x_j} = - \frac{\partial p}{\partial x_i} + \frac{\partial \sigma_{ji}}{\partial x_j} \tag{3-2}$$

$$\rho \frac{\partial H}{\partial t} + \rho u_j \frac{\partial H}{\partial x_j} = \frac{\partial p}{\partial t} + \frac{\partial(\sigma_{ji} u_i - q_j)}{\partial x_j} \tag{3-3}$$

式中　t——时间；

x——位置；

u——速度（所有分量）；

ρ——密度；

p——压力；

H——总焓；

$\boldsymbol{\sigma}$——黏性应力张量；

q——热通量。

为了模拟采空区混合气体在采空区内的运移，模型必须对质量和动量的守恒方程进行求解。质量守恒方程和动量守恒方程分别为：

$$\frac{\partial \rho}{\partial t} + \nabla \cdot (\rho \boldsymbol{v}) = S_m \tag{3-4}$$

$$\frac{\partial}{\partial t}(\rho \boldsymbol{v}) + \nabla \cdot (p \boldsymbol{v} \boldsymbol{v}) = - \nabla p + \nabla \boldsymbol{\tau} + \rho \boldsymbol{g} + \boldsymbol{F} \tag{3-5}$$

式中　p——静压力；

$\boldsymbol{\tau}$——应力张量；

$\rho \boldsymbol{g}$——重力体力；

$\boldsymbol{F}$——外部体力。

通常采空区被认为是多孔介质，相对于标准的流体流动方程，还附加了动量源进行模拟。此源由黏滞损失和惯性损失两部分组成，表达式如下：

$$S_i = \sum_{j=1}^{3} D_{ij} \mu \boldsymbol{v}_j + \sum_{j=1}^{3} C_{ij} \frac{1}{2} \rho \boldsymbol{v}_{\mathrm{mag}} \boldsymbol{v}_j \tag{3-6}$$

式中　S_i——第 i 个（x、y 或 z）动量方程的源；

D，C——预定义的矩阵。

该动量的减弱将有利于孔隙单元中压力梯度的产生，其所引起的压力降与单元中的流动速度（或速度平方）成比例。

采空区气体运移的主控因素有：由于浓度、热梯度造成的分子扩散，以及由于压力梯度造成的黏性流或质量流。根据菲克定律，非稀薄混合气体的扩散发生如下：

$$J_i = \rho \frac{M_i}{M_{\mathrm{mix}}} \sum_{j,\, j\neq i} D_{ij}\left(\frac{\partial X_j}{\partial x_i} + \frac{X_j}{M_{\mathrm{mix}}}\frac{\partial M_{\mathrm{mix}}}{\partial x_i}\right) - \frac{D_i^T}{T}\frac{\partial T}{\partial x_i} \tag{3-7}$$

式中 J_i——第 i 种气体的扩散流量，是由于浓度梯度、热梯度引起的；

ρ——密度；

M_i——气体 i 的分子质量；

D_i^T——混合气体的扩散系数；

X_j——气体 j 的质量分数；

D_{ij}——气体 j 中气体组分 i 的多组分扩散系数；

M_{mix}——混合气体的分子质量；

T——温度。

以上为采空区气体流动模型的基本方程及其原理，在确定数值模型的边界条件后，即可求解得到采空区瓦斯流动及分布规律。

3.2.3 采空区瓦斯三维运移规律的 CFD 模型建立

综合采空区瓦斯流动的复杂性和试验工作面的具体情况，建立 CFD 模型，并通过模拟获得基本的采空区分布形态。模型应用了现场收集的数据，以及以往采空区瓦斯流动 CFD 建模的经验。CFD 模型的建立主要包括以下工作：

（1）现场调研试验综采面采空区的几何形状和相关参数；

（2）采空区、巷道和工作面等的三维有限元模型的构建；

（3）通过用户自定义子程序设置流动模型和边界条件；

（4）用现场测量数据对基本模型进行校准和验证；

（5）利用校正后的 CFD 模型进行广泛的参数研究和模型优化。

对工作面的基本信息、地质资料、瓦斯、通风监测数据进行收集与核实，并对其可用性进行分析。利用这些信息，建立采空区瓦斯三维流动的CFD模型，以模拟采空区瓦斯的分布特征。

3.2.3.1 采空区模拟现场实际条件

试验综采面采空区基础参数的数值模拟结果是：

(1) 试验综采面“竖三带”的分布情况为冒落带高度约10m，裂隙带高度约40m。

(2) 试验综采面“横三区”分布情况为离层区长度约为100m，煤壁支撑影响区约为20m。

现场实测试验综采面相关参数，为建立采空区瓦斯运移模型提供边界条件。试验综采面边界条件实测数据详见表3-3。

表3-3 试验综采面边界条件实测数据

地　点	静压/hPa	风速/m·min^{-1}	风量/m^{3}·min^{-1}
轨道巷进风处	951.8	172	1720
胶带巷回风处	949.8	93	1030
十一横贯（尾巷）	950.0	104	690

3.2.3.2 几何模型的建立

由于试验综采面上有液压支架、采煤机及刮板输送机等设备，采面空间、轨道巷、回风巷及运输巷等也不完全规整，故无法建立精确的几何模型。但根据现场实际情况和研究的需要，可对综采面及采空区相关参数进行如下简化：

(1) 不考虑工作面及巷道内的设备等对风流的影响，将进、回风巷和工作面空间视为长方体。

(2) 考虑模型建立网格划分的简便，确定轨道巷、回风巷及运输巷的参数为长10m，宽4m，高3.0m；工作面的参数为长200m，宽6m，高3.0m。

(3) 将采空区分为冒落区1、冒落区2、冒落区3、顶板裂隙区1、顶板裂隙区2、底板裂隙区，共计六个部分，以区分不同的孔隙率。

(4) 采空区深度364m，宽208m。冒落带离采空区底板为10m，将采空区冒落带按孔隙率不同分成三个部分，各部分边界的长度分别为20m、100m和244m。

(5) 模型中尾巷相对于采空区来说仅相当于一个出口，因此只考虑10m的联络巷，联络巷距工作面42m，宽4.0m，高3.0m。

试验综采面采空区CFD模型的几何特征如图3-12所示。采用FLUENT前处理软件GAMBIT，构建采空区瓦斯三维流动模拟的几何模型，并划分网格，如图3-13所示。

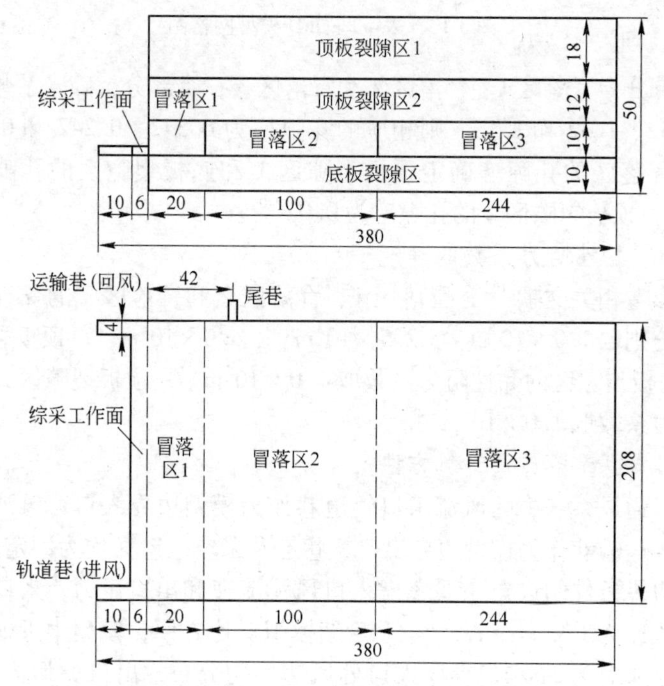

图3-12 试验综采面采空区CFD模型几何特征（尺寸单位：m）

3.2.3.3 模拟参数设定

A 孔隙率的确定

根据相关文献[156]可知，冒落带区的碎胀系数不同，据此模型将

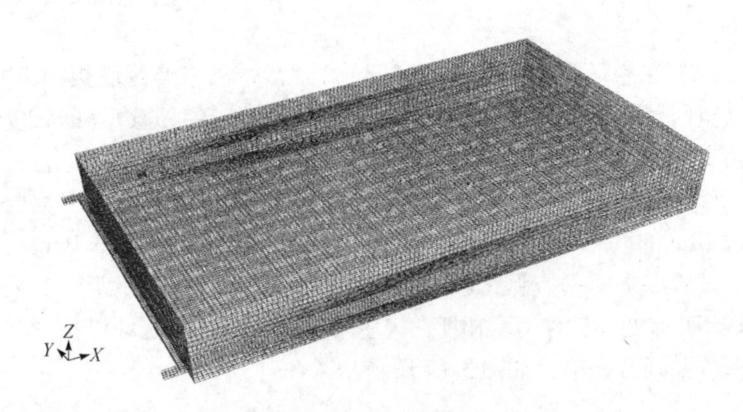

图 3-13 采空区 CFD 模型网格图

冒落带分为冒落区 1、冒落区 2 和冒落区 3 三个部分，碎胀系数分别取 1.52、1.32 和 1.15，则相应的孔隙率为 0.342、0.242 和 0.130。参考冒落区的孔隙率确定顶板裂隙区 1 和底板裂隙区的孔隙率为 0.002，顶板裂隙区 2 的孔隙率为 0.02[10]。

B 黏性阻力系数的确定

参考相关文献[10]，冒落区 1、冒落区 2 和冒落区 3 的黏性阻力系数分别取 $1.0\times10^3\mathrm{m}^{-2}$、$2.5\times10^3\mathrm{m}^{-2}$、$4.0\times10^3\mathrm{m}^{-2}$；顶板裂隙区 1 和底板裂隙区的黏性阻力系数取 $1.0\times10^5\mathrm{m}^{-2}$；顶板裂隙区 2 的黏性阻力系数取 $1.0\times10^4\mathrm{m}^{-2}$。

C 边界条件及计算方法

以通风系统中的风流入口轨道巷作为模型边界入口，风流出口尾巷、运输巷作为模型边界出口，巷道及采空区壁面均为固定边界。模型边界条件的设定主要考虑入口风流流速和出口压力，入口处的实测风速为 172m/min，为了和后续模拟对比方便，模型中近似取风流入口风速为 3m/s，且令入口处风速均匀分布，出口类型为 OUTFLOW，出口压力数据以现场实测数据为依据。

结合选择的主控方程，选择采用隐式分离三维稳定流非耦合求解器，速度采用绝对速度，运用基于体积单元的梯度选项；用 SIMPLE 算法求解流速和压力耦合；用标准 k-ε 紊流模型封闭时均方程。主要参数设定如表 3-4 所示。

表 3-4 数值计算模型参数设定

Model（计算模型）	Define（模型设定）
Solver（求解器）	Segregated（非耦合求解法）
Viscous Model（湍流模型）	K-epsilon（k-ε 模型）
Species Model（组分模型）	Methane-air（瓦斯-空气）
Energy（能量）	On（打开）

D 数值模拟过程

根据上述建立的计算模型和选定的边界条件，用计算流体动力学软件 FLUENT 对采空区瓦斯三维流动进行数值计算。在给定精度为 10^{-3} 情况下，共进行了 230 多次迭代，得到了理想的收敛效果，模型计算的残差曲线如图 3-14 所示。

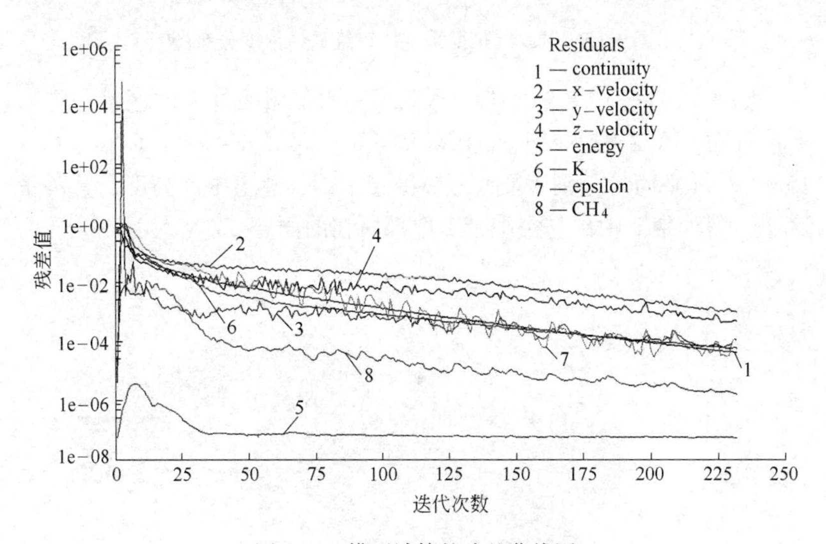

图 3-14 模型计算的残差曲线图

3.2.4 数值模拟结果及分析

3.2.4.1 综采面采空区瓦斯运移的数值模拟结果

综采面采空区瓦斯三维流动的数值模拟结果如图 3-15 所示。

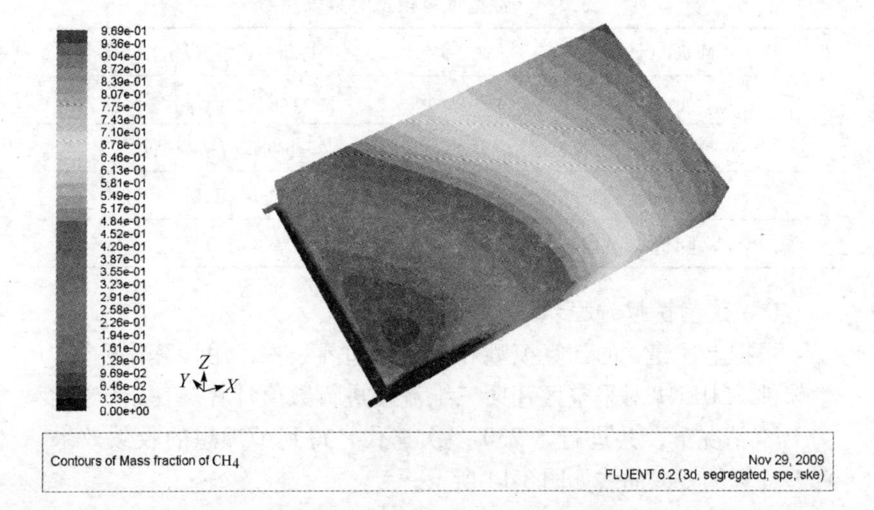

图 3-15 试验综采面采空区三维瓦斯浓度分布图

图 3-16 表征在 Z 轴方向上截取不同水平截面的采空区水平方向浓度分布。在 Z 轴方向上（距底板高度）取 $Z = -5m$、$1.5m$、$6m$、$15m$、$31m$ 平面，分别表征底板裂隙带中部、巷道中部高度、冒落带区域、裂隙带 2 中部与裂隙带 1 中部所在的面。

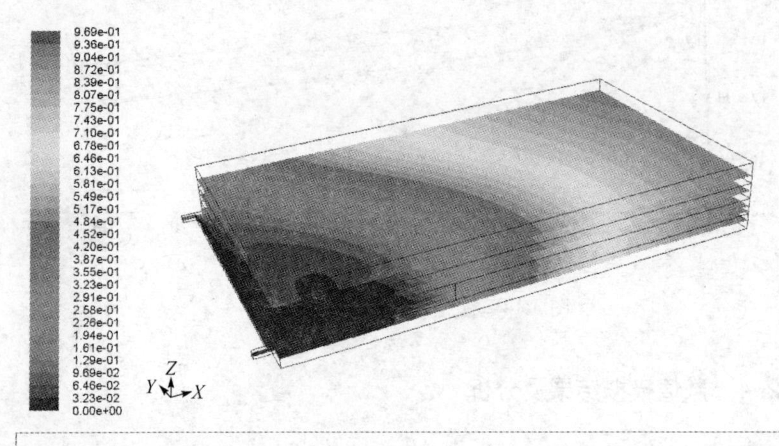

图 3-16 采空区 Z 立面瓦斯浓度分布图

图3-17表征在 X 轴方向上截取不同竖直截面（$X=10$m、42m、80m、140m、230m、320m）的采空区竖直方向浓度分布。图3-18表征在 Y 轴方向上截取不同竖直截面（$Y=52$m、104m、147m、189m）的采空区竖直方向浓度分布。

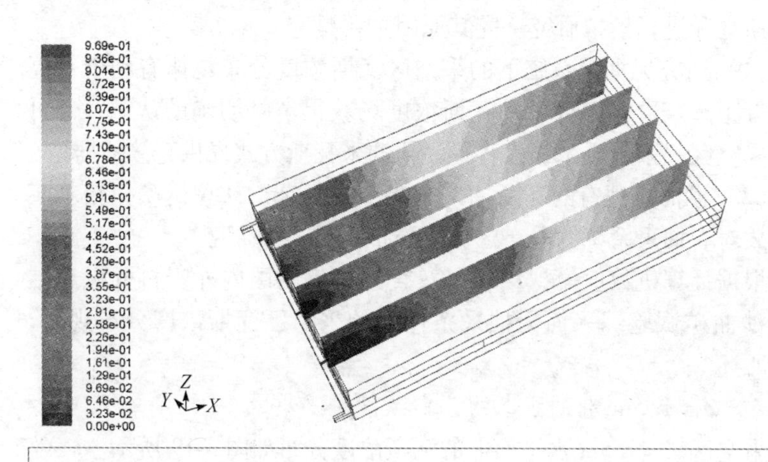

图3-17 采空区 Y 立面瓦斯浓度分布图

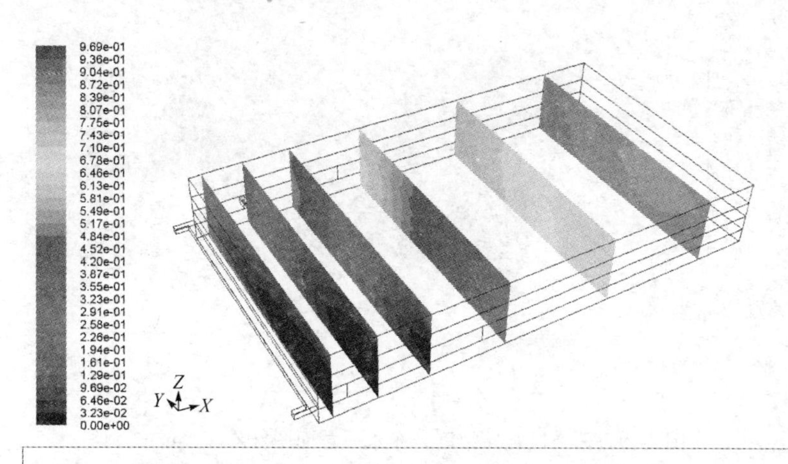

图3-18 采空区 X 立面瓦斯浓度分布图

3.2.4.2　采空区瓦斯浓度场分析

试验综采面采空区瓦斯运移规律数值计算模型未将现有的瓦斯抽采系统考虑进来，而瓦斯涌出源依据现场实测的风排瓦斯量和抽放瓦斯之和进行模拟研究。究其原因主要是：

（1）研究无抽采系统下的采空区瓦斯浓度分布规律有利于对高瓦斯近距离煤层群条件下的瓦斯浓度场获得清晰明确的认识，也可为在采空区仅采用千米长大直径钻孔抽采瓦斯方式提供直接依据；

（2）沙曲矿现有的瓦斯抽采方式多且复杂，计算机模拟较难实现，故对有抽采系统的采空区瓦斯分布状况未作研究。

根据计算机数值模拟结果以及查阅大量的国内外资料分析总结得出沙曲矿试验综采面无抽采条件下的采空区瓦斯浓度分布规律，如下所述。

A　$Z=1.5$m 水平面上的瓦斯浓度分布

采空区 $Z=1.5$m 水平面上的瓦斯浓度分布如图 3-19 所示。

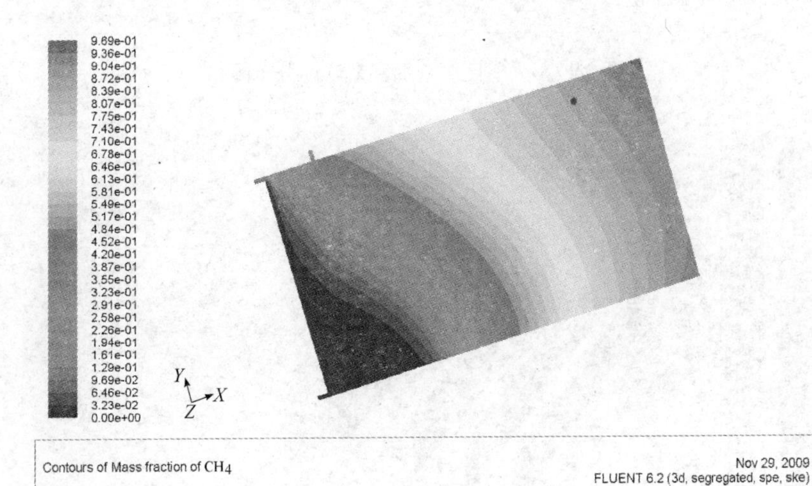

图 3-19　采空区瓦斯浓度分布水平截面图（$Z=1.5$m）

为了研究采空区瓦斯涌入对工作面生产的影响，本节在 $Z=1.5$m 水平面上设置倾向和走向方向的瓦斯浓度测线，以对 $Z=1.5$m

水平面进行重点分析研究。

a 工作面倾向方向瓦斯浓度分布

工作面倾向方向上的瓦斯浓度分布如图3-20所示。图中，Y轴表示瓦斯浓度，范围为0~17.2%；X轴表示工作面倾向长度，范围为0~208m。工作面的回风口在208m处，进风口在0m处。

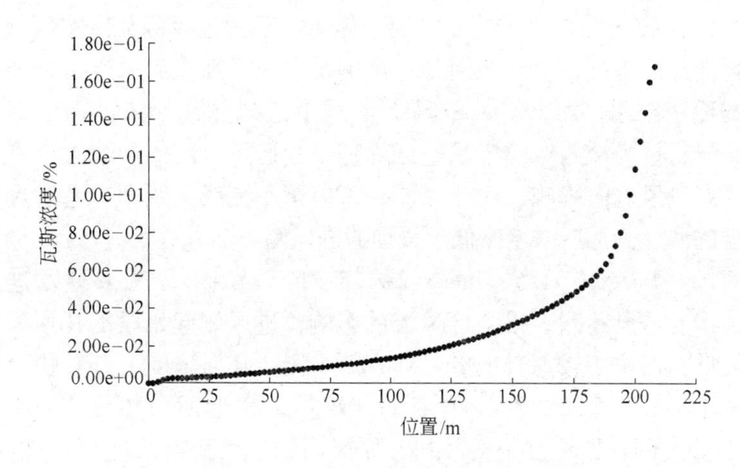

图3-20 工作面倾向方向上瓦斯浓度分布

由图3-20可以看出：在工作面进风巷处，瓦斯浓度为0，在工作面回风巷处，瓦斯浓度为17.2%；工作面的瓦斯浓度从进风巷至回风巷是逐渐升高的，这与实际情况相吻合。从进风巷至工作面中部（$X=104$m），工作面的瓦斯浓度从0上升至1.6%；从工作面中部至距回风侧24m处（$X=184$m），工作面的瓦斯浓度从1.6%上升至5.9%，上升趋势加快，究其原因，主要是采空区漏风流逐步携带部分采空区瓦斯进入工作面；在距离回风口24m范围内（$X=184\sim208$m），工作面的瓦斯浓度急剧增加，从5.9%上升至17.2%，究其原因，主要是在通风负压的作用下大量采空区高浓度瓦斯涌入回风巷处。数值模拟结果表明，高瓦斯近距离煤层群条件下工作面瓦斯浓度远高于普通高瓦斯矿井的瓦斯浓度值，其相应的瓦斯治理难度亦大大增加。因此，为了给瓦斯治理提供可靠依据，进一步研究采空区瓦斯浓度分布规律便显得十分必要。

b　冒落区倾向方向瓦斯浓度分布

图 3-21 中的曲线为图 3-18 中各垂直面上 $Z=1.5\mathrm{m}$ 高度在 Y 方向的瓦斯浓度分布曲线，即模型中 $Z=1.5\mathrm{m}$ 高度上 X 分别为 10m、42m、80m、140m、230m、320m 的瓦斯浓度曲线。分析图 3-21 可得出如下结论：

（1）在 Y 方向上的瓦斯浓度总体上呈现为进风侧瓦斯浓度低于回风侧瓦斯浓度，主要原因是进风侧采空区瓦斯受到采空区漏风风流的稀释作用；而 line-x320-z1.5 测线上进风侧瓦斯浓度高于回风侧，分析认为该测线位于采空区深部，受通风负压的影响大于受采空区漏风风流的影响，因此，line-x320-z1.5 测线上距回风巷和尾巷较近的回风侧瓦斯浓度略低于较远的进风侧。

（2）line-x10-z1.5、line-x42-z1.5、line-x80-z1.5 三条测线进风侧由于受进风巷漏入采空区风流的影响，进风侧起始段的瓦斯浓度均较低；但位于较深部的 line-x80-z1.5 测线瓦斯浓度上升较快，而 line-x10-z1.5 测线的瓦斯浓度上升较慢；靠近回风侧段 line-x10-z1.5 测线的瓦斯浓度上升较快，原因同工作面瓦斯浓度分布规律，但上升的变化率小于工作面瓦斯浓度变化率；而 line-x42-z1.5 测线在靠近回风侧段上升速率明显变缓，这主要是因为该处受到瓦斯尾巷的影响。

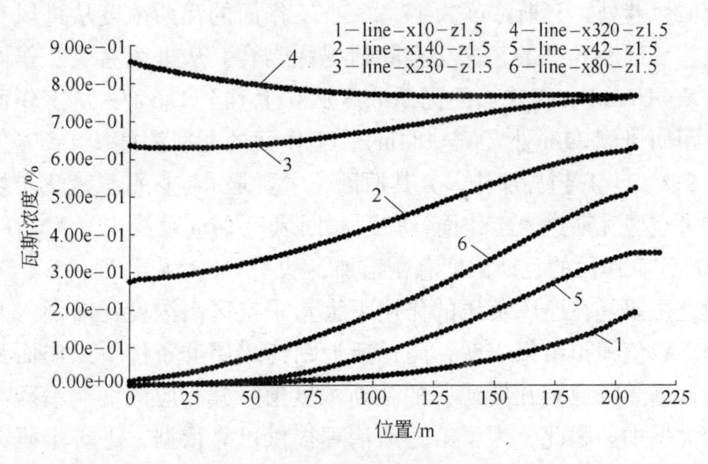

图 3-21　冒落区倾向方向上瓦斯浓度分布（$Z=1.5\mathrm{m}$）

c　冒落区走向方向瓦斯浓度分布

图3-22中的曲线为模型中 $Z=1.5$m 高度上 Y 分别为4m、52m、104m、147m、189m、204m的瓦斯浓度曲线。由图中可以看出：从工作面至采空区深部，在 $X=-6\sim80$m 段瓦斯浓度按不同曲率增加，且差异较大，说明受采空区漏风风流影响较大；在 $X=80\sim364$m 段瓦斯浓度上升的曲率差异较小，随着向采空区深部延伸，其上升曲率逐渐趋于一致，且各测线逐渐聚合在一起，说明瓦斯浓度值在采空区深部趋于稳定且大体相同；靠近回风侧的line-y204-z1.5测线在瓦斯尾巷（$X=42$m）处变化较大，在 $X=0\sim42$m 段内的瓦斯浓度的上升趋势明显变缓，究其原因是由于瓦斯尾巷对其的影响，且可推断瓦斯尾巷距工作面距离较近有利于上隅角瓦斯浓度的降低。

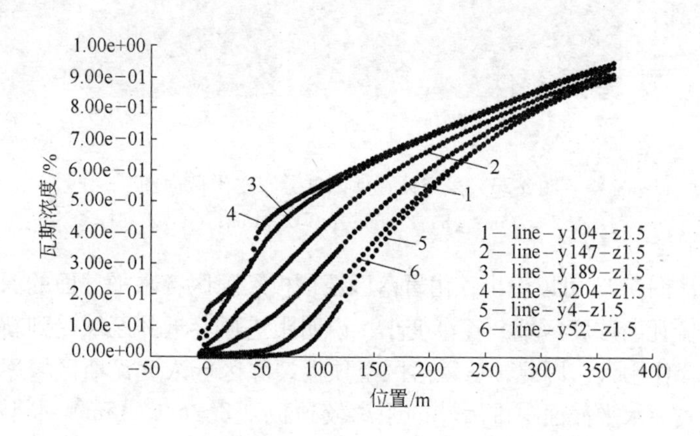

图3-22　冒落区走向方向上瓦斯浓度分布（$Z=1.5$m）

B　裂隙区水平面上瓦斯浓度场分析

由图3-19和图3-23可知，顶底板裂隙区水平面的瓦斯浓度场与 $Z=1.5$m 水平面的瓦斯浓度分布总体上相似，靠近工作面，自进风侧起瓦斯浓度逐渐增加；远离工作面，瓦斯浓度趋于一致。这主要是因为采空区进风侧距工作面近处漏风流较大，采空区内瓦斯在漏风流作用下向回风侧运移；采空区底板距综采面远处，漏风流逐渐减少至消失，采空区底板瓦斯在分子扩散作用下趋于均匀。此处不再对各裂隙区平面设置测线进行分析，仅对瓦斯浓度变化趋势和千米长大直径抽采钻孔布设位置设置测线进行分析研究。

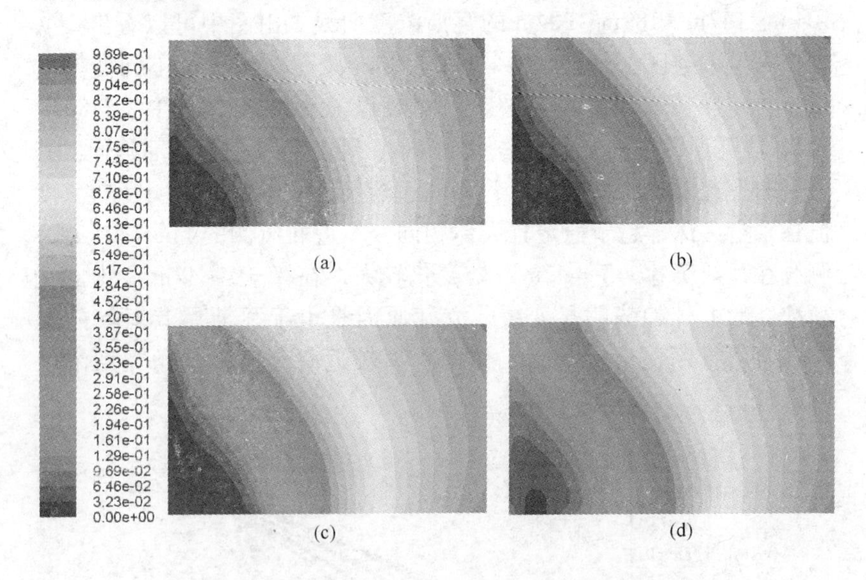

图 3-23 采空区瓦斯浓度分布水平截面图

(a) $Z=-5$m；(b) $Z=6$m；(c) $Z=15$m；(d) $Z=31$m

从图 3-23 可以看出，由冒落区至顶板裂隙区各水平截面的深色区域（低瓦斯浓度区域）逐渐变小，说明距进风巷近的区域受到新鲜风流稀释作用大，因此，从冒落区至顶板裂隙区低浓度瓦斯区域逐渐变小。底板水平截面距进风巷的距离较顶板（$Z=6$m、15m）水平截面要近，但其深色区域却小于这两个水平截面，这主要是由与底板的孔隙率远小于冒落区的孔隙率，虽与进风巷距离较近却受新鲜风流影响较小，因此其深色区域较小。采空区深部的瓦斯浓度值顶底板趋于一致，但底板瓦斯浓度略高于顶板瓦斯浓度，究其原因主要是因为距开采煤层（4 号煤层）底板下位 6m 左右，即有 2.78m 厚的高瓦斯煤层(5 号煤层)，在通风负压及采空区漏风影响较小的情况下，5 号煤层的瓦斯持续不断的释放，从而使得底板瓦斯浓度略高。

图 3-24 中的曲线为模型中 $Z=15$m 高度上 Y 分别为 147m、189m 测线以及 $Z=31$m 高度上 Y 分别为 52m、104m、147m 测线上的瓦斯

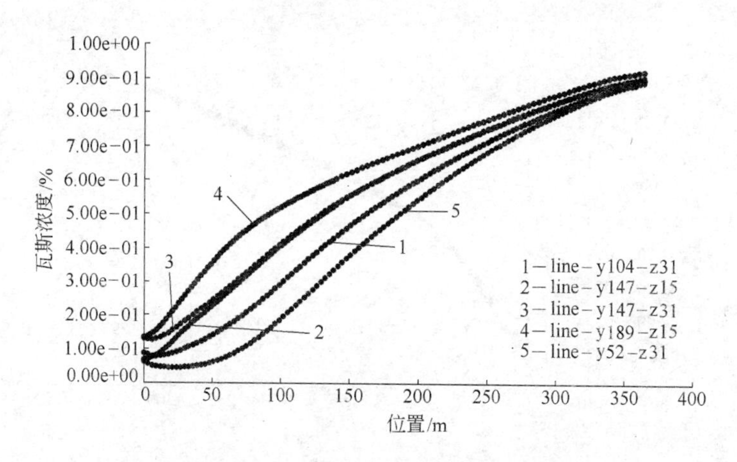

图 3-24 顶板裂隙区走向方向上测线瓦斯浓度分布

浓度曲线。

如图 3-24 所示，line-y189-z15 测线的最低瓦斯浓度为 12.6%，line-y147-z15 测线的最低瓦斯浓度为 7.4%，且总体上 line-y189-z15 测线的瓦斯浓度大于 line-y147-z15 测线。由于该两条测线的最低瓦斯浓度值为 7.4%，且随着向采空区深部延伸，其瓦斯浓度迅速上升，基本能满足抽采要求，因此，初步确定千米长大直径钻孔的抽采高度 $Z_{钻} \geqslant 15$m，且钻孔布置时尽可能靠近 line-y189-z15 测线。另外，图 3-24 中 $Z=31$m 高度上的三条测线自进风侧至回风侧的瓦斯浓度最低值依次为 4.5%、8.2%、13.4%，且进风侧测线靠近工作面段的瓦斯浓度上升缓慢，回风侧测线的瓦斯浓度上升较快。因此，结合前面分析采空区瓦斯分布的规律，初步考虑确定在顶板裂隙带的钻孔距进风侧的位置 $Y>52$m，布置高度则尽可能位于 $Z=31$m 高度附近。

C 采空区垂直平面上的瓦斯浓度变化规律

图 3-25 中的曲线为 $Y=189$m 截面上 $Z=-5$m、1.5m、6m、16m、31m 高度测线上的瓦斯浓度曲线。图 3-26 中的曲线为 $X=10$m 截面上 $Z=-5$m、1.5m、6m、16m、31m 高度测线上的瓦斯浓度曲线。

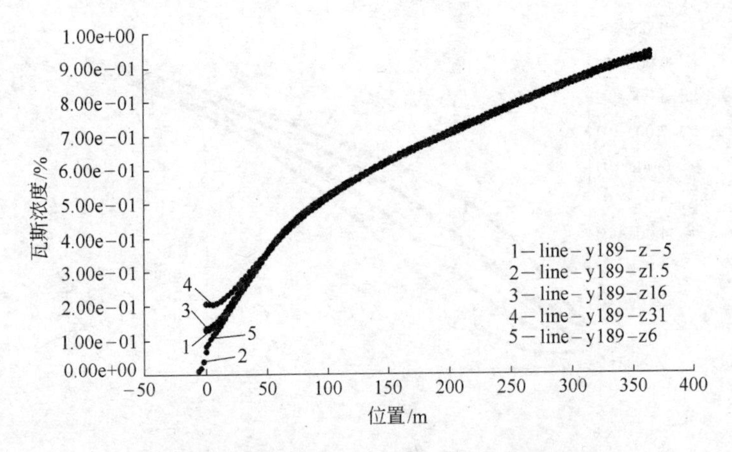

图 3-25　采空区 $Y=189$m 截面上瓦斯浓度分布

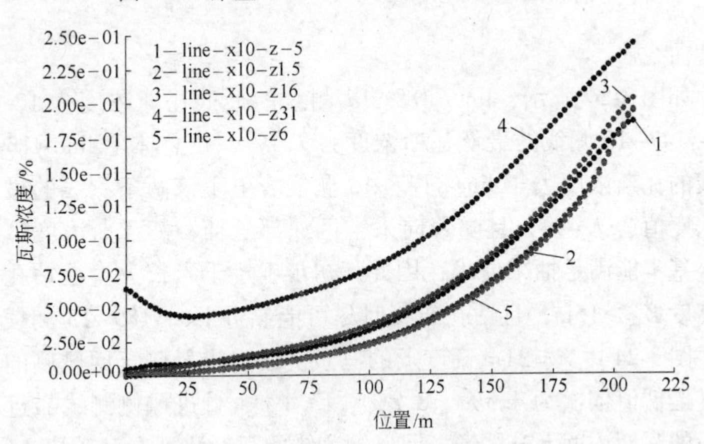

图 3-26　采空区 $X=10$m 截面上瓦斯浓度分布

由图 3-25 可知，在采空区靠近综采工作面段（$X=0\sim60$m 段）各测线上的瓦斯浓度曲线以不同的斜率上升，$Z=31$m 高度测线的起始瓦斯浓度值最大，为 19.8%，上升斜率最小，$Z=1.5$m 高度测线的上升斜率最大；随着向采空区深部延伸，各测线的瓦斯浓度曲线斜率近似相等，且浓度趋于一致。结合图 3-17 可知，靠近进风侧的瓦斯浓度曲线斜率要大于回风侧的瓦斯浓度曲线斜率，即进风侧受综采工作面漏入新鲜风流影响，瓦斯浓度变化差异大，而采空区深部的瓦斯浓度曲线的上升斜率仍趋于一致，仅瓦斯浓度值略有差异。

根据图3-26分析，可将 $X=10\text{m}$ 截面的测线瓦斯浓度曲线分为两类，一类为冒落区瓦斯浓度曲线，一类为裂隙带瓦斯浓度曲线。冒落区的瓦斯浓度曲线分析同 $Z=1.5\text{m}$ 平面上倾向方向上的瓦斯浓度曲线分析。裂隙带瓦斯浓度曲线的曲线斜率略小于冒落带的曲线斜率，主要是因为裂隙区的瓦斯浓度受综采工作面漏风风流的影响要小于冒落区，且裂隙带的孔隙率要远小于冒落区。裂隙带瓦斯浓度曲线总体趋势一致，但距开采煤层底板距离越远，其瓦斯浓度值越高。$Z=31\text{m}$ 的瓦斯浓度曲线在0～20m段出现了由高到低的不同变化规律，主要是因为进风风流的方向是沿 X 轴方向的，其对顶板 $Z=31\text{m}$ 高度上0～20m段的影响由小至大，所以出现了瓦斯浓度由高至低的趋势。结合图3-18可知，垂直面越朝采空区深部延伸，受进风流影响越小，这种由高到低的变化趋势也越小。

3.3 不同通风系统下采空区瓦斯运移的相似模拟研究

煤矿采空区破碎岩体内的渗流场及瓦斯运移与积聚规律，很难通过现场观测来实现，但是通过建立模拟试验方法就能较好的模拟现场实际，因而开展相似模拟研究对现场的瓦斯抽放和治理具有重要的指导意义。

3.3.1 相似模型设计的理论依据

流体流动现象是十分复杂的，有时难以用数学分析方法来论证与描述，而借助试验的手段往往能得出较好的结果，但试验常常难以在实物上进行，这时我们可以利用比实物小的模型，给它以同实物相似或近似的流动环境，观察分析所发生的现象和特性，然后再将根据模型实验得出的结论应用到实物上去。另外用模型可以完成多种试验方案，而实物只能进行一种或有限的几种试验方案。模拟试验的理论基础是相似理论及相似准则。

如果在两种流体的相应点上，所有表征流动状况的相应物理量都维持各自的固定比例关系，则这两种流体的流动状况是相似的。这种流动相似的必要和充分条件是几何相似、运动相似和动力相似。

由于发生在几何相似空间的流动相似现象，可以用相应的物理参数和相应的方程组来描述其流动过程，所以必有数据相同的、反映物理量之间组合关系的相似准则。相似准则主要有牛顿相似准则、雷诺相似准则、弗劳德相似准则和欧拉相似准则。

试验用空气作流动介质，将井下风流的流动看作有压稳定流。根据相似理论，建立原型和模型间的相似关系，即尽可能满足几何相似、动力相似和运动相似。

3.3.1.1 巷道相似

模型以走向长壁倾斜后退式开采、全部垮落法管理顶板的综采工作面为原型。整个通风系统模型中的巷道主要参考沙曲矿的实际情况，由于本试验模型的科研目的主要是研究采空区的瓦斯运移规律，因此，模型中的区段巷道及综采面联络巷严格按照现场试验综采面实测巷道断面尺寸进行几何相似设计。而对采空区影响较小的采区巷道及总进回风大巷的设计，考虑模型制作的简便性，只采用标准管道，实现巷道面积的近似，以利于通风阻力测定及风量调节方面的研究。为缓冲气流，应使空气经一定距离后，速度分布达到稳定。模型中区段巷道的长度大于2m，作为几何相似稳定段。

根据试验场地条件和考虑测试的方便，选定 $\delta_L=50$。原型和模型的主要几何尺寸见表3-5。

表3-5 巷道原型和模型的几何相似尺寸

名 称	实际尺寸/m×m	巷道面积/m^2	原型尺寸/m×m	模型尺寸/mm×mm	备 注
区段巷道	3.8×2.5	9.5	3.8×2.5	76×50	现场实测
采区巷道	4.0×2.8	11.2	4.8×2.3	96×46	面积近似相等
总进、回风巷道	5.0×3.6	18.0	4.8×3.8	96×76	面积近似相等
联络巷	3.3×2.3	7.59	3.3×2.3	66×46	现场实测
充填巷、内错巷	—	—	3.3×2.3	66×46	经验数据

动力相似要求实物与模型的对应质点所受的力各自维持同一的比例关系，而作用于流体质点上的力，除惯性力、黏滞力以外，尚

有重力、压力、弹性力、表面张力等，那么欲实现两种相似流动，就必须符合上述各项准则。实际上，由于受模型结构和试验条件的限制，模型中风速难以达到雷诺相似准则相等的要求。雷诺相似准则要求模型尺寸小时，所需流动速度要大；而弗劳德相似准则要求模型尺寸小时，流动速度也小，所以，同时保证两个相似准数相等几乎是不可能的。然而，每研究一种流动现象，往往只有一种性质的力起主要作用，而其他性质的力则起次要的作用；并且对每一种被研究的流动对象，其主要性质的力往往又不相同。因此，在研究流动现象时，首先要找出决定现象本质的主要动力，使其满足相应的相似准则，而忽略其他次要的相似准则。

在矿井风流的相似流动中，主要考虑的是黏性力、压力与惯性力，其余的重力、弹性力、表面张力等均可忽略，故在矿井通风中只要求符合雷诺准则或欧拉准则。由流体力学可知，当 Re 小于第一临界值时，流动呈层流状态，在层流范围内，流体的流动状态，流速分布彼此相似，与 Re 无关；当 Re 大于第一临界值时，流动处于过渡区，随 Re 增加，流体的紊动程度最初变化很大，随后逐渐减小；当 Re 大于第二临界值以后，流体流动状态以及流速分布不再变化，彼此相似，不再与 Re 有关，进入阻力平方区。如果模型的 Re 处于阻力平方区，无论其绝对数值如何都可以认为它们的雷诺相似准数相等。这种现象称为自动模化，即只要做到实物与模型的几何相似，就可以自动保证动力相似，满足原型与模型的几何相似和动力相似，流体的运动相似也可满足。

模型紊流临界风速计算：

（1）一般经验模型雷诺数 Re 的第二临界值为 $1\times10^4 \sim 1.5\times10^5$，取 $Re=1\times10^4$ 进行计算：

$$V = \frac{ReUv}{4S}$$

式中 V——巷道断面上的平均速度，m/s；

U——井巷断面周长，m；

v——流体的运动黏性系数，与流体的温度、压力有关，对于矿井风流，通常取 $14.4\times10^{-6}\text{m}^2/\text{s}$；

S——井巷断面积，m^2。

代入具体数据，可得：

$$V = \frac{10000 \times 2 \times (0.076 + 0.050) \times 14.4 \times 10^{-6}}{4 \times 0.076 \times 0.050}$$

$$= 2.39 \text{m/s}$$

（2）在实际工程计算中，为简便起见，通常以 Re 作为管道流动流态的判定准数，即 $Re \leqslant 2300$ 为层流；$Re > 2300$ 为紊流。则：

$$V = \frac{2300 \times 2 \times (0.076 + 0.05) \times 14.4 \times 10^{-6}}{4 \times 0.076 \times 0.05}$$

$$= 0.55 \text{m/s}$$

考虑模型巷道中的球形阀门的断面形状及面积均与方形巷道不一致，使得模型巷道更易于达到紊流状态，因此，综合考虑（1）和（2）的计算结果，得出区段巷道内的风速超过 0.55m/s 即可认为风流为紊流状态。现场实测巷道风速达到 3m/s，完全能使得 Re 处于阻力平方区内，因此，速度比例尺直接取 1 即可。

综上分析，确定线性比例尺 $\delta_L = 50$、密度比例尺 $\delta_\rho = 1$、速度比例尺 $\delta_v = 1$。在实物与模型几何相似的基础上，就可以自动保证动力相似。满足了模型的几何相似和动力相似，流体的运动相似也可满足，由此在模型中所测得的参数就可以应用于实物。

3.3.1.2　采场相似

实验室试验模型与其原型中，采场流场是一个包括工作面和采空区在内的复合流场，其几何边界复杂：工作面近似为一维管流，采空区为三维多孔介质渗流；流态分布亦复杂：工作面为紊流，采空区则紊流、层流、过渡流并存。

A　采场几何相似

原型中的综采工作面长度、采高等参量参照沙曲矿试验综采工作面的现场实际情况。选定 $\delta_L = 50$，将原型各部分按比例缩小，并使模型与原型的对应角相等，即可满足几何相似的要求。采场原型和模型的主要几何尺寸见表 3-6。

表 3-6 采场原型和模型的几何相似尺寸

名 称	实际尺寸/m	模型尺寸/m	备 注
采空区走向长度	150	4.3	考虑漏风风流影响区域取值
采 高	2.5	0.05	采面通风断面高度
采面宽度	4.5	0.09	采面通风断面宽度
采面长度	200	4.0	
顶板垮落高度	10	0.2	因现场试验条件限制，模型仅考虑冒落带内的流动规律

B 回采工作面的相似准则

模型与原型中，工作面的风流处于紊流状态。由此工作面尺寸小，可以认为风流是沿着巷道的一维流动，因此可以保证其运动的相似性。工作面沿程的压降主要是摩擦阻力损失，忽略其他次要的外力，当两种几何相似的流动现象实现力学相似时，它们的 Froude 数和水力坡度之比值相等。两种几何相似的流动现象，当在摩擦力作用下实现力学相似时，它们的阻力系数近似相等。原则上模型与原型的相对粗糙度应相等，但这种条件极为苛刻，模型加工将付出昂贵的代价，甚至难以实现，因而，只能在提高工作面的几何精度上尽量满足工作面的力学相似。

C 采空区的相似准则

相关研究表明，采空区内气体流动由漏入处和涌出处的紊流很快转变为层流，为了研究方便，可以认为采空区内的气流都处于层流状态。

由运动相似条件可知，如果流动区域保持层流，则几何相似必定满足运动相似，因此，在雷诺数相似条件下认为采空区内的气体流动是运动相似的。

D 采空区瓦斯运移相似准则

采空区瓦斯运移的基本方程为：

$$-\frac{\partial}{\partial x_i}\left(D_{ij}\frac{\partial c}{\partial x_i}\right)+\frac{\partial}{\partial x_i}(V_i c) = I \quad (i, j = 1, 2)$$

式中 D_{ij}——扩散系数，m^2/s；

V_i——平均速度分量，m/s；

c——采空区瓦斯质量浓度，g/m^3；

I——采空区顶底板单位面积的瓦斯涌出速率，$g/(m^3 \cdot s)$。

本模拟试验中瓦斯运移的准则为雷诺准则、弗劳德准则、贝克列准则和瓦斯流量准则。其中，弗劳德准则中重力起主要作用，但对于受迫流动，重力影响可以忽略，故弗劳德准则可不考虑；雷诺准则由于试验条件的限制，要使模型和原型中的雷诺数 Re 值相等很困难，故在单值条件相似的前提下，只要保证 Re 满足自模化要求即可，从而也可保证模型和原型中流体的流动状态相似；贝克列准则是对流瓦斯运移和动力弥散瓦斯运移之比，在保证渗流场相似的条件下，贝克列准则可得到满足；瓦斯流量准数是采空区瓦斯涌出量与对应瓦斯运移量之比，在瓦斯流动和涌出稳定的条件下，瓦斯流量准则自动得到满足。

3.3.2 试验装置及试验方法

3.3.2.1 试验系统研制

本试验模型主要包括模型主体（巷道、工作面及采空区）、扇风机及其附属装置、瓦斯源系统、测试系统和数据采集系统 5 个部分。模型采空区尺寸为 4.3m × 4.16m × 0.2m；工作面长度为 4.0m，断面尺寸为 90mm × 50mm，工作面倾斜角度取 6°；区段巷道尺寸为 80mm × 54mm，其余巷道尺寸见前述几何相似章节。采用球形阀作为巷道的调节风门，以实现多种通风系统之间的转化及风量调节。模型采空区及巷道部分如图 3-27 所示，图 3-28 为模型的实物照片。

A 试验模型主体

模型巷道采用方形和圆形不锈钢管焊接而成，采空区底板及域界等均采用不锈钢板焊接而成，模型底座采用角钢制作而成。为了保证箱体的坚固性和密封性，在接缝处全部采用焊接方式。顶部用 8mm 厚的有机玻璃覆盖，采用玻璃胶密封，玻璃板上画有方格网，便于观测和分析流动情况。为了充分反映现场岩性特征，采空区充填材料直接采用煤矿废矸破碎后充填，粒度为 1 ~ 60mm 不等。采空区岩体的堆砌以《岩层控制的关键层理论》为指导，冒落带的岩体用破碎状的废矸

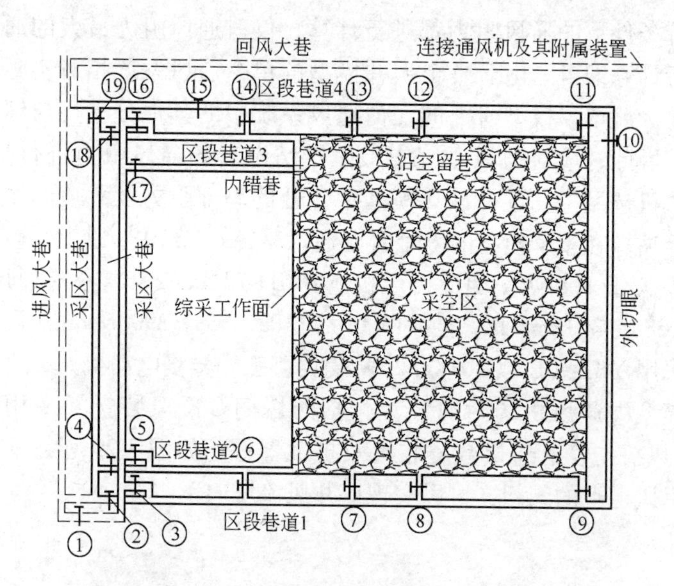

图 3-27 通风系统相似模型示意图

图 3-28 通风系统相似模型的实物照片

模拟堆砌，在模型内的中心压实区和“O”形圈内分别堆积具有不同压实特性的破碎废矸，使之满足冒落带的渗透特性。

B 通风机及其附属装置

通风机采用离心式风机，抽出式通风。模型中多条巷道安装有球形阀以调节各巷道风量，或改变工作面通风方式。虽然该模型能实现多种通风系统的转换，但是对于风机选型来说，无需对每种通风系统条件下的通风阻力都进行计算，仅对通风阻力最大的通风系统进行计算即可。由于整个矿井模型的单个通风系统相对实际矿井来说较为简单，模型研究的任何通风系统中的其他分支均与综采面并联，因此，应对通风系统中最困难情况下的通风阻力进行估算。在通风机选型中，逐一计算模型中各处的局部阻力及巷道的摩擦阻力，经估算在整个模型的困难时期通风阻力达2150Pa以上，电动机功率需大于1.8kW。因此，风机选择B4-72№3.2A离心式通风机，流量1688～3517m^3/h，全压1300～792Pa，转速2900r/min。配套电动机选用YB2-90L-2 380V 2.2kW隔爆型三相异步电动机。

模型中通风机的附属装置包括防爆门、反风装置（专用反风道）、风机与管道连接减震装置及扩散器等，如图3-29所示。开启专用反风道上的阀门，可以实现矿井风流反向。

图3-29 通风机及其附属装置的实物照片

C 瓦斯源系统

瓦斯源系统由高含量高压瓦斯瓶、减压阀、稳流器、流量计、供气胶管及采空区释放瓦斯管道组成。瓦斯从高压瓦斯罐流出后经过减压阀减压，进入稳流器并通过流量控制计分配流量后经供气胶管、采空区释放瓦斯管道进入采空区。采空区释放瓦斯管路布置在模型采空区底板，采用ϕ6mm不锈钢管。为使涌入工作面和采空区的瓦斯流符合实际情况，在钢管两侧每隔一定距离打一孔，经过烟雾试验确定孔径大小与分布状态，以使采空区瓦斯涌出特征基本符合实际情况。

D 通风测试系统

测量仪器有JDM9型补偿微压计、U形水柱计、单管倾斜压差计、通风干湿温度计、QDF-2型热球式风速计和WY型单管动槽式水银气压计。为了准确地测量风速，根据有关标准，自制了全压管，并在SFY-Ⅱ型双测试段风表检验仪上进行校正。

测试参数主要有瓦斯流量、模拟巷道的风速和静压。瓦斯流量通过流量计来测量和控制；风速采用皮托管-压差计测速压的方法进行测定；风流的静压采用标准皮托管，并配备U形压力计来获得。

3.3.2.2 试验方法

由于时间、经费和安全的原因，本次试验仅对工作面不同通风方式进行定性试验，定量试验有待后期进一步完善模型后再继续进行。定性试验是用流动的可目视法感知采场风流的流动，通过连续地将示踪气体注入稳定流动的风流中，再现风流的流动情况。将流动现象拍照，就可获得流体运动的直观图像。开启不同的调节风门组合，可获得不同通风方式下采空区流体的流动状态。试验时，反复调节进风巷道中相关球形阀，使得区段巷道2的风速为3m/s时，施放示踪气体。示踪气体使用烟幕，施放烟幕时置烟雾发生器于模型进风口，启动发生器，烟雾随风流进入采场，随即进行定时摄影和拍照。

3.3.3 试验结果分析

众多理论研究和实践表明，工作面合理通风方式的选择对综采面瓦斯治理有着重要的影响，尤其是高瓦斯煤层群赋存条件下的综采面通风方式合理与否对采空区的瓦斯流场及对工作面开采空间的瓦斯涌出特征有着直接的影响。本节应用相似模型对工作面“U”、“U+L”、“U+L（双联络巷）”、“Y”、“U+I”、“U+I+L”等各类型通风方式下的采空区气体流动状况进行了试验研究，为确定有利于沙曲矿高瓦斯煤层群综采面瓦斯综合治理技术的合理工作面通风方式提供了依据，也为瓦斯抽采系统的确定奠定了基础。

根据气体流动理论及采场的实际情况可知：

（1）采空区内的瓦斯沿漏风风流的流线方向运移。

（2）沿风流的流线方向，瓦斯浓度递增。

（3）采空区内烟流最先到达的区域是瓦斯浓度较小的区域，反之则是瓦斯浓度较高的区域；同理，烟流最先消失的区域是瓦斯不易积聚的区域，反之是瓦斯易于积聚的区域。

3.3.3.1　“U”型通风系统

工作面“U”型通风系统是我国大部分采煤工作面采用的通风方式，是由采煤工作面一条进风巷和一条回风巷以及工作面空间构成的工作面通风系统。如图 3-27 所示，开启模型中的调节风门④和⑯，综采面即可实现“U”型通风系统。图 3-30 为“U”型通风系

图 3-30　“U”型通风系统下采空区烟流流动过程的典型照片

统时典型采场烟流流动的照片。

从图3-30中可以直观看出，烟流进入采空区后在通风负压的作用下，一部分漏入采空区，一部分沿工作面流动至回风巷侧，最终，烟流在工作面上隅角处消失，说明采空区内的漏风最终汇集在上隅角，这就是在上隅角易于积聚高浓度瓦斯的主要原因。

3.3.3.2 “U+L”型通风系统

“U+L”型通风系统是由进风巷、工作面、回风巷和瓦斯尾巷构成的工作面通风系统。如图3-27所示，开启模型中的调节风门④、⑬、⑮和⑯，综采面即可实现“U+L”型通风系统。

图3-31为“U+L”型通风系统时典型采场烟流流动的照片。从

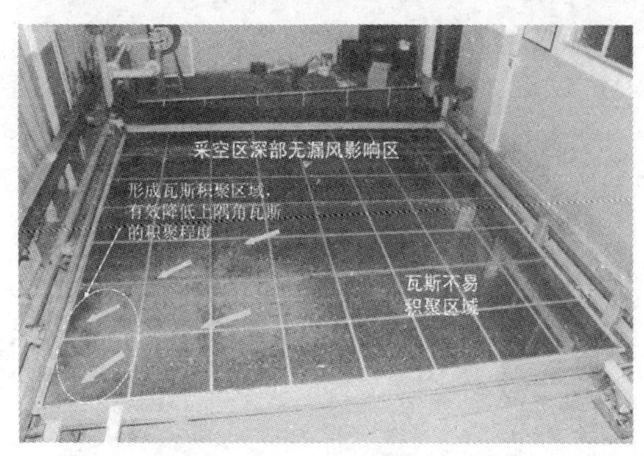

图3-31 “U+L”型通风系统下采空区烟流流动过程的典型照片

图中可以直观看出，烟流进入采空区后的流动状态和“U”型通风系统相同，而采空区深部的烟流从瓦斯尾巷直接流出，说明瓦斯尾巷流带形成了一条“屏障”，阻止了工作面漏入采空区深部的瓦斯和采空区深部涌出的瓦斯向工作面上隅角聚集。正是“U + L”型通风系统的这个特征，将会使采空区回风侧瓦斯高浓度曲线明显往采空区深部移动。因此，针对上隅角瓦斯超限等情况，“U + L”型通风系统明显优于“U”型通风系统。

在上述“U + L”型通风方式下再开启调节风门⑫，采空区内就形成了两个烟流流出口，从而使得其对采空区深部沿流场的影响进一步增强，亦使得采空区深部瓦斯流出量增加。图 3-32 为“U + L”型通风系统时双联络尾巷的典型采场烟流流动的照片。

图 3-32　“U + L”型通风系统（双联络巷）下
采空区烟流流动过程的典型照片

3.3.3.3　"Y"型通风系统

"Y"型通风系统因工作面掘进风巷和回风巷的数量和位置不同而有多种不同的方式，生产实际中应用较多的是在回风侧加入附加的新鲜风流，与工作面回风汇合后从采空区侧流出的通风系统。它在一定程度上解决了目前综合机械化开采瓦斯治理中常用的"U + L"型通风系统存在的掘采接续紧张、护巷煤柱损失等问题。如图3-27所示，开启调节风门④、⑩、⑪和⑮，综采面即可实现"Y"型通风系统。

图3-33为"Y"型通风系统时典型采场烟流流动的照片。从图中可以直观看出，烟流从主风巷流入后，一部分沿着工作面流向回

图3-33　"Y"型通风系统下采空区
烟流流动过程的典型照片

风侧，另一部分直接漏入采空区，且进入采空区的风流流线基本上指向采空区回风沿空巷道侧，最终在采空区深部沿空巷侧集聚。这说明进入采空区的风流主要是通过沿空巷旁充填体的缝隙漏进回风巷的，显然这不会造成采空区内瓦斯在工作面上隅角局部积聚。

3.3.3.4 “U+I”型通风系统

“U+I”型通风系统是阳煤集团于1996年提出的，并于1997年在综放工作面开展试验研究，取得了成功。“U+I”型通风系统的布置方式，也称为内错尾巷的布置方式，就是在工作面内靠近回风侧布置一条内错巷，一般水平距回风巷15~25m，该内错巷的位置高于进、回风巷道，其主要目的是使工作面采空区侧产生一个负压区，以控制大量瓦斯向回风巷上隅角积聚。如图3-27所示，开启调节风门④、⑯和⑰，综采面即可实现“U+I”型通风系统。

图3-34为“U+I”型通风系统时典型采场烟流流动的照片。从图中可以直观看出，烟流从进风巷流入后的流线轨迹与一条进风巷和一条内错巷构成的“U”型通风系统的流场近似，流线明显积聚于内错巷口处，在烟雾流动末期位于采空区深部的烟流才回流进入到回风巷。因此，“U+I”型通风系统有效地解决了“U”型通风方式不能解决的上隅角瓦斯积聚问题。

该通风方式来源于综放工作面的实践，内错巷一般是布置在煤层顶板，对于一般厚度的高瓦斯煤层来说，如果将内错巷布置在顶板中，则其与高抽巷类似，只是位置上有所变化。

3.3.3.5 “U+I+L”型通风系统

“U+I+L”型通风系统是在“U+L”型通风系统的基础上增加一条内错巷，实质为一进三回的通风系统。如图3-27所示，开启调节风门④、⑬、⑮、⑯和⑰，综采面即可实现“U+I+L”型通风系统。

图3-35为“U+I+L”型通风系统时典型采场烟流流动的照片。从图中可以直观看出，漏入采空区的一部分烟流进入内错巷，而采空区深部的烟流则进入尾巷，从而截流了采空区涌入回风巷的烟流，

图3-34 “U+I”型通风系统下采空区烟流流动过程的典型照片

有效地控制了上隅角瓦斯的积聚，且三条回风巷增加了风排瓦斯的能力，因而是适用于瓦斯赋存复杂煤层的综合机械化开采的通风系统。

3.3.3.6 沙曲矿综采面通风系统的选择

综合相似模拟结果、现场实测结果以及相关文献检索结果可得以下结论：

（1）“U”型通风系统的上隅角是瓦斯积聚和超限的易发地点。

（2）对于采空区瓦斯控制来说，“U+L”型通风系统优于“U”

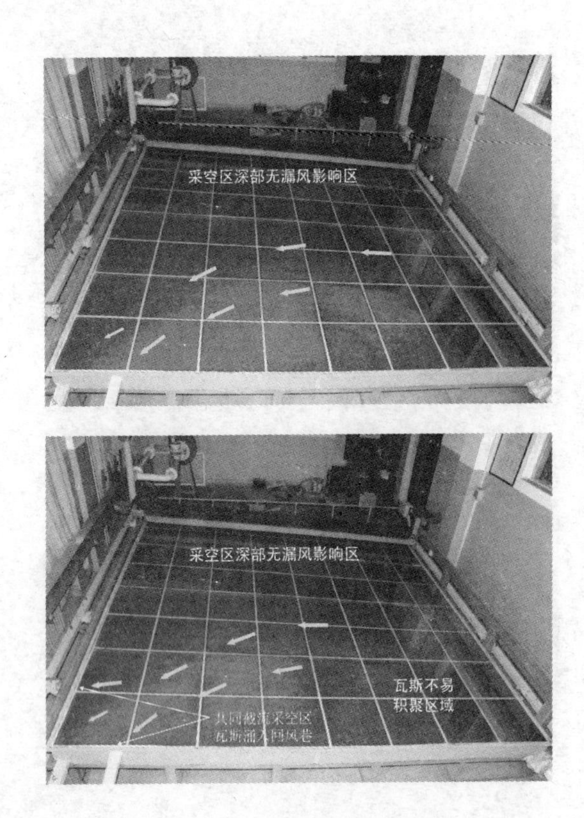

图 3-35 “U+I+L”型通风系统下采空区
烟流流动过程的典型照片

型通风系统，在尾巷的作用下采空区内部的高瓦斯浓度曲线明显往采空区深部转移，且工作面漏风只有少部分仍流入工作面上隅角，因此上隅角瓦斯浓度的积聚程度较小，但由于沙曲矿高瓦斯近距离煤层群的赋存特点使得工作面瓦斯涌出量大，这种通风方式下其工作面上隅角瓦斯浓度仍经常超限。

（3）“Y”型通风系统的采空区流场完全不同，工作面沿线漏风均流入采空区内部，最后全部汇入排瓦斯专用巷而无流入上隅角的漏风，从而消除了采空区向上隅角的漏风，有效地解决了上隅角瓦斯积聚问题。另外，“Y”型通风系统也避免了采空区后部高浓度瓦斯聚集现象，故整个采空区内瓦斯浓度较“U”型和“U+L”型通风系统大幅降低，但排瓦斯专用巷中后部因采空区漏风的汇入，且汇入的瓦斯浓度较高，其瓦斯浓度会迅速升高。因此，在实际应用中，需要对排瓦斯专用巷的瓦斯浓度进行控制。“Y”型通风系统适用于不易自燃煤层的高瓦斯采煤工作面。

（4）“U+I”型和“U+I+L”型通风系统均较好地解决了上隅角瓦斯积聚的问题，由于“U+I+L”型通风系统同时实现了“U+I”型和“U+L”型通风系统的优点，故其风排瓦斯能力优于另外两种通风系统。

在对上述相似模型中各种通风系统的分析基础上，针对沙曲矿高瓦斯近距离煤层群赋存条件下的综采面瓦斯涌出量大的特点，显然，“U”型、“U+L”型、“U+I”型通风系统均不能满足沙曲矿的实际生产需要。而“Y”型通风系统虽然能有效控制工作面及上隅角的瓦斯浓度，但在沙曲矿采用还存在以下缺陷和技术难点：

（1）“Y”型通风系统的回风巷为一条沿空小断面排瓦斯专用巷，这需要对采空区无煤柱护巷技术进行研究。

（2）“Y”型通风系统的采空区内排瓦斯沿空留巷需要在采空区后部有相应的巷道与之连通进行排放，这与沙曲矿现有的采区巷道不适应。如采用尾巷与之连接则需要增加尾巷的支护成本，因为现有的工作面回采后尾巷全部冒落，临近工作面须保留通风的一段尾巷则采用木支柱加强支护。

（3）沙曲矿正在进行瓦斯抽采利用方面的研究，计划实现煤与瓦斯共采。采用“Y”型通风系统由于采空区瓦斯与进风混合，因此，抽采的瓦斯浓度较低，不易实现对抽采瓦斯的综合利用。

“U+I+L”型通风系统能有效控制采空区瓦斯涌出，且风排瓦斯能力大，因而是沙曲矿高瓦斯近距离煤层群综合机械化开采过程中较为适宜的通风方式，但是针对沙曲矿的具体地质条件，还需要在开采煤层上位的3号煤层开掘一条半煤岩巷作为内错巷，一方面开掘成本较高，另外一方面掘进过程中的瓦斯突出等难题亦需要解决。因此，综合考虑“U+I+L”型通风系统的优缺点，同时结合沙曲矿从德国引进的DDR-1200定向钻机，提出采用一组千米长的大直径钻孔群替代内错巷（或高抽巷），这样既解决了新增加一条巷道的费用和安全问题，又能有效地干扰采空区流场，实现内错巷的功能，而且该替代钻孔群能对采空区深部的瓦斯流场进行影响，因此，其功能又优于“U+I+L”型通风系统中的内错巷所起到的功能。

为了研究的方便和统一，后面章节中将内错巷或高抽巷统称为高抽巷。

4 顶板千米长大直径钻孔抽采理论研究

目前沙曲矿回采工作面抽放瓦斯基本采用75mm小直径抽放钻孔，该方法抽放采空区瓦斯技术较成熟，且具有钻孔施工简单，抽放成本较低等优点，但由于其抽放能力和封孔工艺方面的不足，已不能满足高瓦斯近距离煤层群在复杂瓦斯地质条件下开采的需要。沙曲矿回采工作面采空区抽采系统的抽采钻孔长度均在100m左右，由于抽放钻场及抽放钻孔施工工程量增加，使得矿井采掘衔接更加紧张。

针对小直径短钻孔抽放瓦斯不能有效解决沙曲矿的瓦斯治理难题，沙曲矿从德国引进了DDR-1200定向钻机，孔径为200mm，从而为沙曲矿采用大直径长钻孔进行瓦斯治理提供了装备基础。本章在此基础上对高瓦斯近距离煤层群条件下的采动裂隙场与卸压瓦斯运移的关系、临近层瓦斯卸压机理与卸压瓦斯运移储集特征进行深入分析，寻求瓦斯运移的裂隙通道和瓦斯富集区，以为顶板大直径千米长钻孔抽采瓦斯技术提供理论支持。

4.1 高瓦斯近距离煤层群采动裂隙场与卸压瓦斯运移的关系

随着采煤工作面的不断推进，将引起上覆岩层的移动与破断，形成采动裂隙；同时上覆岩体的应力亦重新分布，使一些区域出现应力增高区，一些区域出现应力降低形成采动覆岩卸压区。采动裂隙场及覆岩卸压区的分布范围与卸压瓦斯抽采密切相关。

4.1.1 基于围岩应力的围岩采动裂隙分布特征

4.1.1.1 “横四区”和“竖四带”

前人根据采空区上覆岩层采动裂隙特征一般将其划分为“横三

区”和“竖三带”，但是针对高瓦斯近距离煤层群的复杂地质条件来说，简单的“横三区”和“竖三带”不能满足研究需要。基于此，本节将卸压瓦斯运移与围岩采动裂隙统一起来，从围岩应力分布、移动特征方面对高瓦斯近距离煤层群开采条件的采场围岩特征进行进一步划分。由矿压岩层控制理论可知，在煤层开采过程中，采场水平方向的应力分布一般可分为原始应力区、应力集中区、应力降低区和应力恢复区，而在采场垂直方向上依据煤岩层破坏程度，从上至下可分为弯曲下沉带、顶板裂隙带、冒落带和底板裂隙带，如图 4-1 所示。

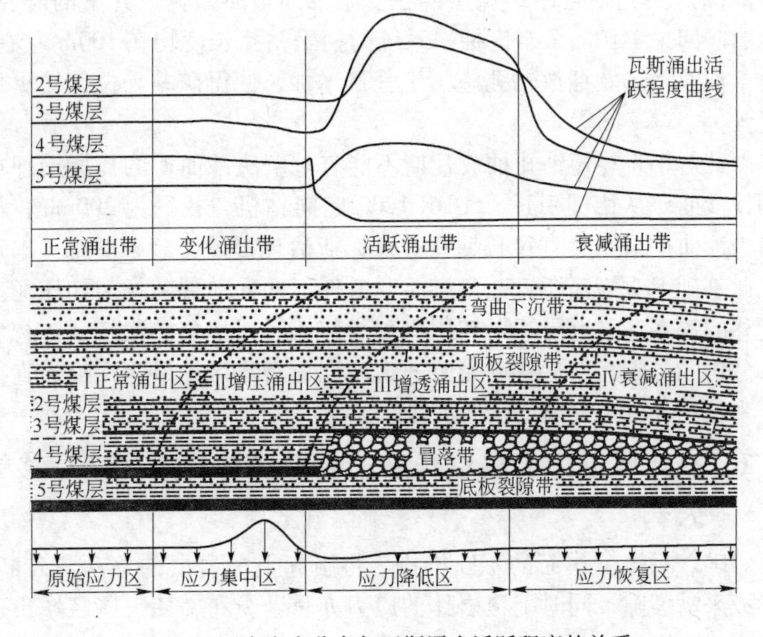

图 4-1 围岩应力分布与瓦斯涌出活跃程度的关系

4.1.1.2 覆岩采动裂隙动态分布规律

国内外许多学者对覆岩采动裂隙的分布特征进行了多方面的研究，有关研究成果归纳总结如下[147]：

（1）岩层移动过程中的离层主要出现在各关键层下，覆岩离层最大发育高度止于覆岩主关键层。当相邻两关键层复合破断时，尽管上部关键层的厚度与硬度比下部关键层大，其下部也不会出现离层。

(2) 沿工作面推进方向，关键层下离层动态分布呈现两阶段发展规律，即：关键层初次破断前，随着工作面推进，离层量不断增大，最大离层位于采空区中部。关键层初次破断后，关键层在采空区中部离层趋于压实，而在采空区两侧仍各自保持一个离层区。工作面侧的离层区是随着工作面开采而不断前移的，工作面侧离层区最大宽度及高度仅为关键层初次破断前的1/4~1/3。从平面看，在采空区四周存在一沿层面横向连通的离层发育区，即采动裂隙“O”形圈。沿顶板高度方向，随工作面推进离层呈跳跃式由下往上发展。

(3) 贯通的竖向破断裂隙是水与瓦斯涌入工作面的通道，故也称其为“导水、导气”裂隙。“导水、导气”裂隙仅在覆岩一定高度范围内发育，其最大发育高度与采高及岩性有关。对“导气”裂隙发育动态过程的研究表明，在开采初期，下位关键层的破断运动对“导气”裂隙从下往上发展的动态过程起控制作用，导气裂隙高度由下往上发展是非均速的，随关键层的破断而突变。当采空区面积达到一定值后，“导气”裂隙的分布也同样呈“O”形圈特征，它是正常回采期间邻近层卸压瓦斯流向采空区的主要通道。

4.1.2 高瓦斯煤层群采空区卸压瓦斯运移及储集

4.1.2.1 采动卸压瓦斯的运移特性

采场的覆岩运动导致了裂隙带的产生和发展，为本煤层、邻近层及围岩中卸压瓦斯运移与聚集提供了通道和空间，并产生了稳定的瓦斯汇集层，给瓦斯高效抽采创造了有利条件。煤岩中的瓦斯在裂隙带空间内运移的主要形式有两种，即升浮和扩散[89]。

A 升浮

气体升浮产生的条件有两个：

(1) 气体因受热体积膨胀，密度减小，从而产生密度差；

(2) 气体对象中的含有物浓度相对周围气体中含有物浓度存有

差异。

浮力作用下的瓦斯运移，因产生浮力源的不同而有异。若浮力源的作用是瞬时的，瓦斯运移便是非定常的，如瓦斯突出。若浮力源的作用是持续稳定的，则瓦斯会形成定常状态的运移，这时流体受到垂向浮力、侧边剪切力（阻力）和与运移加速度相应的惯性力而构成局部的平衡。因此这里重点研究定常点源作用下、含有物浓度存在差异所导致的瓦斯升浮现象。控制瓦斯升浮的微分方程主要有：连续方程、动量方程、含有物守恒方程及状态方程。

连续方程：

$$\frac{\partial W}{\partial z} + \frac{1}{r}(rW) = 0$$

动量方程：

$$W\frac{\partial W}{\partial z} + V_{\mathrm{r}}\frac{\partial \omega}{\partial r} = -g\left(\frac{\rho - \rho_{\mathrm{a}}}{\rho}\right) - \frac{1}{r}\frac{\partial}{\partial r}(r\overline{W'V'_{\mathrm{r}}})$$

含有物守恒方程：

$$W\frac{\partial \Delta C}{\partial z} + V_{\mathrm{r}}\frac{\partial \Delta C}{\partial r} = -\frac{1}{r}\frac{\partial}{\partial r}(r\overline{W'\Delta C'})$$

状态方程：

$$\Delta C \propto \Delta\rho;\quad \Delta\rho = \rho - \rho_{\mathrm{a}}$$

式中 W——垂向流速；

V_{r}——横向流速；

ρ——伞流密度；

ρ_{a}——周围流体密度；

C，ΔC——浮伞流中含有物浓度及其与周围环境含有物浓度之差；

$\overline{W'V'_{\mathrm{r}}}$，$\overline{W'\Delta C'}$——控制方程组中含有脉动量的二阶相关项，理论上要求采用一定的紊流模型，工程实用上则常采取一些合理假定，积分求得表征其特性的各种参数关系式，其中一些待定系数可通过试验确定。

B 扩散

瓦斯分子在其本身浓度（或密度）梯度的作用下，由高浓度向低浓度方向运移，此即扩散。显然，采场及其覆岩“导气”裂隙带内都有瓦斯扩散的产生条件。对于瓦斯扩散的研究，常通过气体运动过程中的分子运动来分析，即著名的 Boltzmann 方程，而在综采面采场及其周围瓦斯气体分子的扩散可以用菲克定律进行表述：

$$\boldsymbol{J}_{\mathrm{D}} = -\frac{m_1 m_2 n^2}{\rho} D \frac{\partial}{\partial \boldsymbol{r}}\left(\frac{n_1}{n}\right) = -\rho D \frac{\partial}{\partial \boldsymbol{r}}\left(\frac{\rho_1}{\rho}\right)$$

式中 $\boldsymbol{J}_{\mathrm{D}}$——气体分子的扩散流；

m_1，m_2——瓦斯和空气的分子量；

ρ——气体质量密度：

$$\rho = \rho_1 + \rho_2$$

ρ_1，ρ_2——瓦斯和空气的密度；

D——扩散系数；

n——分子数密度。

4.1.2.2 邻近层瓦斯卸压机理与瓦斯运移储集特征分析

煤层开采将引起岩层移动与破断，并在岩层中形成采动裂隙。按采动裂隙性质可将其分为两类：

（1）离层裂隙，是随岩层下沉在不同岩性地层之间出现的沿层裂隙，它可使煤层产生膨胀变形而使瓦斯卸压，并使卸压瓦斯沿离层裂隙流动；

（2）竖向破断裂隙，是随岩层下沉破断形成的穿层裂隙，它构成上下层间的瓦斯通道[107]。

煤层的采动会引起周围岩层产生“卸压增透”效应，即引起周围岩层地应力封闭的破坏（地应力降低-卸压、孔隙与裂缝增生张开）、层间岩层封闭的破坏（上覆煤岩层垮落、破裂、下沉，下位煤岩层破裂、上鼓）以及地质构造封闭的破坏（封闭的地质构造因采动而开放、松弛），三者综合导致围岩及煤层的透气性系数大幅度增加，从而为卸压瓦斯高产高效抽采创造前提条件[157,158]。

煤层卸压瓦斯的流动是一个连续的两步过程：第一步，以扩散的形式，瓦斯从没有裂隙的煤体流到周围的裂隙中去；第二步，以渗流的形式，瓦斯沿裂隙流到抽采钻孔处[107]。卸压瓦斯的运移与岩层移动及采动裂隙的动态分布特征有着紧密的关系。

A　邻近层瓦斯卸压机理分析

依据采场煤岩层采动裂隙的动态分布规律和卸压瓦斯运移规律可以分析得出，在采空区上方的横向方向上，瓦斯涌出状况可分为初始卸压增透增流带、卸压充分高透高流带和地压恢复减透减流带，该三带划分适用于采场顶板的裂隙带和弯曲下沉带。煤层开采在其上覆岩层中形成的采动裂隙横向分带模型如图 4-2 所示。

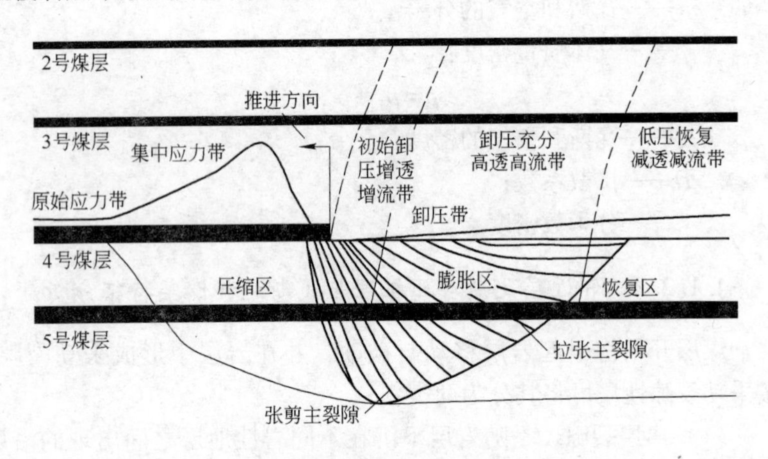

图 4-2　高瓦斯近距离煤层群采动裂隙横向分布特征

实践表明，煤层开采会引起岩层移动，即使是渗透率很低的煤层，其渗透性系数也将增大数十倍到数百倍，从而为瓦斯运移创造了条件。因此，采场顶板裂隙带、冒落带和底板裂隙带范围内的邻近煤层均处于不同程度的卸压状态，由于自身透气性增加，大量邻近煤层卸压瓦斯涌出，通过采动裂隙网、冒落空间与综采工作面连通，并形成一个瓦斯压力梯度场，使得邻近层卸压瓦斯在压差作用下通过裂隙以扩散或渗透形式持续涌向综采工作面。

上述理论分析表明，邻近层瓦斯涌出情况与煤层自身的透气性系数变化及采动岩层的卸压程度和破断情况密切相关，因此，与之相对应的瓦斯涌出分区分带为正常涌出带、变化涌出带、活跃涌出带和衰减涌出带，如图4-1所示。各带的瓦斯涌出特点如下：

（1）正常涌出带的岩层处于原始应力区，不受采动影响，透气性系数无变化，煤、岩的瓦斯动力参数仍保持其原始值，该区域的瓦斯涌出情况无变化；

（2）变化涌出带对应于应力集中的增压涌出带，其岩层所受垂直方向上的应力可增加2~5倍，处于压缩状态，煤、岩层的孔隙率降低，其透气性系数亦降低，岩层的破坏形态以剪切为主、拉断为辅，该区域的涌出状况发生改变；

（3）活跃涌出带的岩层处于卸压状态，开采煤层由近而远时岩层有不同程度的沉降与膨胀变形，岩层间出现离层现象，岩层得到充分的卸压、扩张或形成垂直和水平的裂隙，岩层的透气性系数成百上千倍地增加，其涌出明显增加并达到最大，瓦斯压力急剧下降，该区的煤、岩层瓦斯解吸加剧，并涌向回采工作面或抽放钻孔；

（4）衰减涌出带中受采动影响的岩层在地应力作用下逐渐压实，原有的裂隙不断缩小直至闭合，透气性逐渐减小，加之邻近煤岩层瓦斯已经大量释放，瓦斯含量大幅减少，因此，该区的瓦斯涌出随时间的推延不断变小。

B 邻近层卸压瓦斯运移储集特征分析

前文的实测数据分析表明，沙曲矿4号煤层开采后采空区瓦斯的主要来源为邻近层卸压瓦斯：处于冒落区上部的3号煤层直接向采空区释放瓦斯，而2号煤层卸压瓦斯则通过上覆岩层中形成的采动裂隙向开采层的采空区涌入。下位煤岩层在地应力的作用下，产生膨胀变形，透气性大大增加，高瓦斯含量的5号煤层卸压瓦斯向采空区大量稳定地涌入。

采空区各涌出源瓦斯随着采场内煤层、岩层的变形或垮落而卸压，按各自的规律涌入采空区，混合在一起，一部分在浓度差和通风负压的作用下涌向工作面，另一部分在浮力作用下沿采动裂隙带的裂隙通道上升，上升中不断掺入周围气体，使涌出源瓦斯与环境气体的密度差逐渐减小，直到密度差为零，混合气体则会聚集在裂隙带上部的离层裂隙内。涌入采空区的瓦斯，在其浓度梯度作用下引起普通扩散，由于空气的重力产生方向向下的压强梯度，则其产生的扩散流方向，与压强梯度反向，即瓦斯气体具有向上扩散的趋势。另外，由于采空区漏风流风速远远低于工作面风速，采空区内瓦斯不随低速风流流动或缓慢移动。在离工作面越远的采空区内，其漏风风速就越小，相应的瓦斯流动就越缓慢，直至瓦斯流动不受漏风风流影响达到平衡。在浮力的作用下，瓦斯向顶板采动裂隙区内移动，这就会在采空区顶板某一位置形成高浓度瓦斯聚集区域，该区域即为瓦斯抽放的最佳位置。

研究表明，在回采过程中，靠近工作面一定范围内的采空区中部上覆岩层离层裂隙发育，结合采动裂隙“O”形圈，在采空区竖直方向上，形成了一个“∩”形拱采动裂隙区[110]。此外，前面分析得出，在“O”形圈上方或者下方受采动影响的煤层瓦斯在浓度梯度和压力梯度作用下以扩散和渗流的形式向“O”形圈内运移。因此，在瓦斯浮力、浓度梯度及通风负压的作用下，“O”形圈成为卸压煤层瓦斯聚集和运移的主要通道，“∩”形拱采动裂隙区成为瓦斯聚集区，从而可为采动裂隙带内钻孔抽采、巷道排放等治理瓦斯技术提供依据。

C 关键层与卸压瓦斯抽采的关系

a 关键层与采动裂隙“O”形圈的关系

关键层理论对卸压瓦斯抽采具有重要的指导作用。当采空区顶板充分垮落后，采空区中部岩层和下方的矸石紧密接触，从而使得采空区中部顶板岩层裂隙基本被压实，结合采场空间特点可知，采空区四周形成了一个环形的采动裂隙发育区，相关文献[159]称之为“O”形圈，即顶板煤岩体的裂隙构成瓦斯流动通道，它对瓦斯抽出率起决定作用。卸压瓦斯的运移与岩层移动即采动裂隙的动态分布特征有着紧密的关系，依据覆岩采动裂隙“O”形圈建立的卸压瓦斯抽采“O”形圈理论表明，“O”形圈相当于一条“瓦斯河”，在“O”形圈上方或者下方受采动影响的煤层瓦斯解吸后在浓度梯度和压力梯度作用下以扩散和渗流的形式向“O”形圈内运移，使得

“O”形圈成为卸压煤层瓦斯聚集和运移的主要通道。亦即是，只要将卸压瓦斯抽采钻孔打到采场的采动裂隙“O”形圈内，就可以保证钻孔有较长的抽采时间、较大的抽采范围以及较高的瓦斯抽采率。理论和实测研究证明，覆岩远距离煤层能充分卸压，其卸压煤层瓦斯可通过“O”形圈大面积抽采出来。

b　关键层对上邻近层瓦斯涌出的影响

关键层理论研究证明，覆岩关键层对岩层移动的动态过程及采动裂隙的分布起控制作用，关键层运动将影响邻近层瓦斯涌出动态。由“导气”裂隙发育规律可知，上部邻近层卸压瓦斯走向，在初采期位于采空区中部，在正常回采期，位于“O”形圈内。前文数值模拟表明，沙曲矿的2号、3号上邻近煤层均位于主关键层之下，其采动裂隙较为发育，因此，采空区上邻近层的瓦斯涌出成为采空区瓦斯涌出的主要涌出源之一。

c　主关键层对下保护层卸压高度的影响

通常，在关键层破断前，其下部将出现离层现象，因而其下部岩层必将出现膨胀和应力降低的卸压过程，显然关键层对“导气”裂隙发育的动态过程起控制作用。研究充分表明，覆岩离层位置的最大发育高度将止于覆岩主关键层，因而，卸压过程将终止于主关键层，即主关键层上部岩层不产生卸压。UDEC数值模拟表明，采动裂隙带的高度为40m，即距4号煤层底板40m高度处的6.25m厚的中砂岩为主关键层。该岩层及其上位岩层不产生卸压，因此，研究不考虑该岩层及其上位岩层的瓦斯运移情况。

D　采空区瓦斯流场分析

第3章的采空区三维瓦斯浓度分布的数值模拟研究表明，采空区的瓦斯抽采巷道或钻孔不但能减小采空区瓦斯涌出，而且可干扰采空区的瓦斯流场，直接影响工作面及上隅角的瓦斯浓度。为了研究瓦斯抽采巷道及钻孔对采空区流场的影响，建立无抽采和有抽采条件下的采空区二维垂直平面瓦斯流动的数值模拟模型并进行对比分析，以为采空区顶板大直径钻孔的布置提供依据。

用全部垮落法管理顶板时，从开采煤层底板到采空区空间的顶部，所有裂隙通达之处，均构成采空区气体的流动空间。在流动空间内，由于冒落带与裂隙带的透气性不同，渗流速度差别极大（几十倍或几百倍），为了方便分析问题，用均匀介质流动来近似说明抽采与流场的关系。为了对有抽采和无抽采条件的瓦斯流场有更清晰的对比，结合三维数值模拟的经验，对二维垂直平面流场数值模拟的几何特征进行修改，如图 4-3 所示。

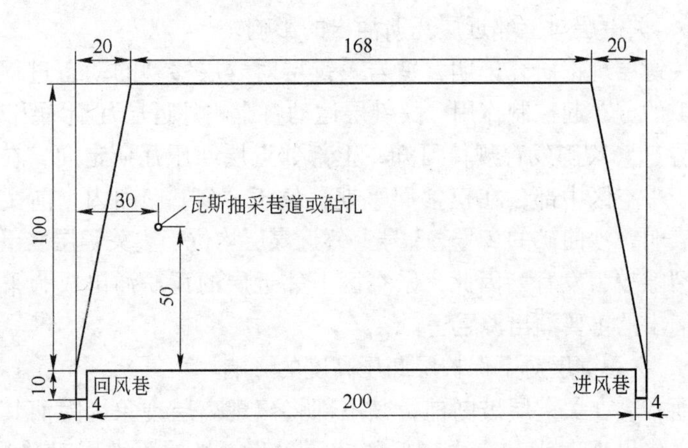

图 4-3　二维垂直平面流场数值模拟的几何特征（尺寸单位：m）

由于数值模型为垂直平面，模型中的入口方向与实际不一致，因此，取入口风速为 1m/s，并仅对有抽采巷道和无抽采巷道的采空区流场作对比分析研究。在模型入口边界上设置 30 个测点，观测这 30 个测点的流线如图 4-4 和图 4-5 所示。

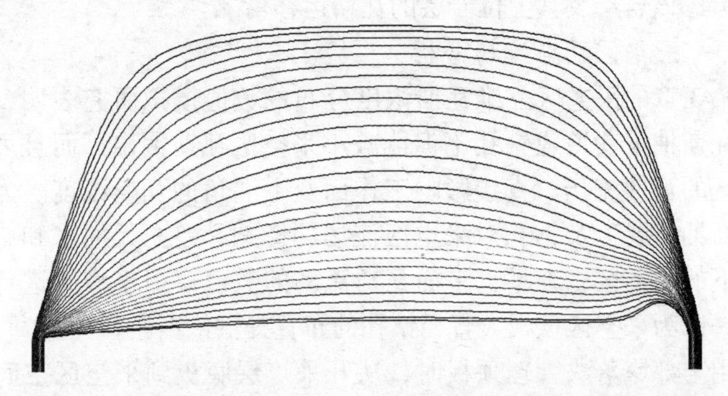

图 4-4　无抽采条件下采空区二维垂直平面流场数值模拟结果图

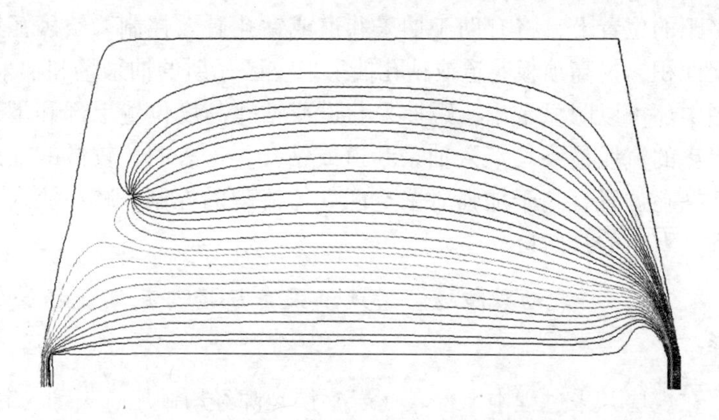

图4-5 抽采条件下采空区二维垂直平面流场数值模拟结果图

由图4-4可知，无抽采条件时，抽采前采场流线基本上均匀对称分布。事实表明，工作面进风侧漏风方向总是流向采空区的。在风压差的作用下，冒落带煤岩孔隙中的气体和裂隙带裂隙中的气体将产生流动，采空区卸压瓦斯随着主风流或漏风流的流动而流动，在沿采场流线方向前进过程中，由于各涌出源涌出瓦斯的汇入，导致沿流线方向瓦斯浓度逐步增高。沙曲矿采空区裂隙带中有高瓦斯含量的2号、3号煤层，其大量的卸压瓦斯形成了流场中的瓦斯源，故在采空区中上部的瓦斯浓度沿流线方向的增加更快。这些高浓度瓦斯不能及时被有效的导出，则最终流入采面空间和瓦斯尾巷，造成工作面上隅角和回风流中的瓦斯浓度超限。

如果将顶板走向钻孔或巷道布置在采空区上部裂隙离层发育区回风侧，则采空区中的高浓度瓦斯可直接从钻孔或巷道中排出，其二维垂直平面流场如图4-5所示。从图中可以明显看出，抽采巷道或钻孔改变了采空区气体流动状况。分析表明，由于裂隙区高瓦斯含量的2号、3号煤层的存在，采空区中位于抽采巷道或钻孔附近的一部分瓦斯会直接流入抽采巷道或钻孔，而在采空区的其他大部分瓦斯则会沿图中所示流线流动，即先流经冒落带，与冒落带孔隙中的气体混合后，再部分通过岩石的裂隙通道流入抽采瓦斯钻孔或抽采巷道，其余部分则进入工作面、回风巷或瓦斯尾巷。从流场图4-5中可以看出，将顶板抽采巷道或钻孔布置在距离回风巷侧一定垂距和平距的位置上，将有助于抽采巷道或钻孔有效控制采空区瓦斯的积聚面积，提高顶板巷道或钻孔抽采采空区瓦斯的抽采量和抽采率。从图中还可以明显看出，距抽采巷道或钻孔高度位置上部和下部一定距离的流线最终均汇入抽采巷道或钻孔，这表明，较低的抽采巷道或钻孔位置有利于加强对采空区气体流动的控制，减小流入工作面和上隅角的瓦斯量。

4.1.2.3 采动裂隙场、通风抽采负压场与瓦斯流场的耦合关系

在煤层开采过程中上覆煤（岩）层裂隙经历卸压、失稳、起裂、突变张裂、吻合缩小、加速闭合、裂隙维持、再次加速闭合直至完全被压实闭合的发展变化过程。煤层开采后，采场上覆岩层间的不同步弯曲沉降引起岩层在其层面薄弱区附近产生离层空隙。在冒落带岩体破碎，基本由块体堆积而成，裂隙以大裂缝和缝隙为主；裂隙带内岩体相对完整，基本仍为层状分布，裂隙以拉张裂隙为主，单向或双向裂隙纵横交错，部分裂隙相互沟通，煤层透气性增加显著，为煤层瓦斯沿层或穿层流动提供了有利条件；弯曲下沉带内岩体完整，只有少数垂向拉张裂隙，裂隙沟通不充分，煤层透气性增加较小，仅略大于原始煤层透气性系数。高瓦斯近距离煤层群开采过程中产生的底板裂隙带使得下部煤层的透气性成百上千倍增加，下位卸压瓦斯大量涌出采空区。

采空区内的瓦斯流动非常复杂，它们之间的相互耦合作用主要表现在以下 5 个方面：

（1）综采开采的采场必然产生漏风，而且采空区内靠近工作面的一定区域内气体受到上、下风巷压差等的驱动，会使采空区充满瓦斯或瓦斯-空气混合气体。漏风场的范围主要取决于采空区裂隙分布、工作面系统布置以及入口风速等因素，而漏风场压差的变化又会改变采空区瓦斯流场。

（2）在采动影响区域内，高瓦斯邻近层卸压瓦斯的大量涌出，使混合气体中的瓦斯浓度分布发生改变，影响到混合气体的密度及黏度。反之，气体密度及黏度变化又会影响气体流速，进而导致混

合气体中的瓦斯浓度发生改变。

（3）混合气体流动对煤岩体产生孔隙压力的力学作用，改变了气体原来的流动状况和赋存状态。同时，采动裂隙带动态变化中的煤岩体变形导致空隙度的变化，从而使煤岩体的透气性发生改变，于是气体在孔隙、裂隙的流动状况以及孔隙压力也将发生改变。

（4）存在抽采系统的采动裂隙区域内的瓦斯流场必然会随着抽采系统抽采负压的变化而变化，而采动裂隙的变化亦会使抽采的范围发生变化，从而亦会改变瓦斯流场。

（5）邻近卸压煤层的残余瓦斯压力随着工作面的推进存在一个变化和总体动态平衡的特点，残余瓦斯压力的变化使得采动裂隙区的瓦斯源发生变化，亦改变了流场。

综上所述，采动裂隙带中气体运移与煤岩体变形、漏风、抽采汇之间存在着复杂的相互作用。它是渗流场、浓度场、裂隙场、漏风场和抽采负压场之间耦合的一个动态平衡体系，其相互影响作用如图 4-6 所示。

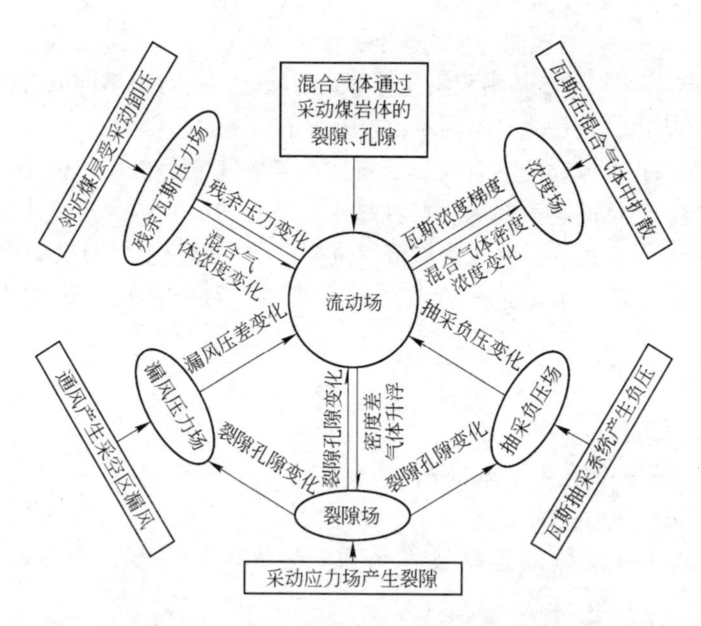

图 4-6 采动裂隙场、通风抽采负压场与瓦斯流场之间的耦合作用关系

4.2　“顶板采动裂隙区大直径长钻孔法”抽采瓦斯研究

4.2.1　不同直径钻孔抽采效果的理论分析

4.2.1.1　钻孔通过能力比较

混合气体在抽采钻孔中做沿程流动时，由于流体层间摩擦和流体与钻孔壁之间的摩擦所形成的阻力，称为沿程阻力，常用单位体积（$1m^3$）风流的能量损失 h_f 来表示。由流体力学可知，无论层流还是紊流，以风流压能损失来反映的沿程阻力可用下式计算：

$$h_f = \frac{\lambda\gamma LV^2}{2gd} = \frac{\lambda\rho LV^2}{2d} \quad (\mathrm{Pa}) \tag{4-1}$$

式中　λ——实验比例系数，无因次；

γ——流体的重度，N/m^3；

ρ——流体的密度，kg/m^3；

L——钻孔的长度，m；

V——管内水流的平均速度，m/s。

式（4-1）是流体沿程阻力计算式的基础，它对于不同流态的风流都能应用，只是流态不同时，式中 λ 的值不同。

在钻孔内流动的混合气体受流体本身的速度、黏性和钻孔尺寸等影响。流体的速度越大，黏性越小；钻孔的尺寸越大，流体越易成为紊流，反之，越易成为层流。流体力学中用一个无因次参数 Re（雷诺数）来表示上述三因素的综合影响，对于钻孔，Re 的表达式为：

$$Re = \frac{Vd}{\nu} \tag{4-2}$$

式中　V——钻孔中流体的平均速度，m/s；

d——钻孔的直径，m；

ν——流体的运动黏性系数，与流体的温度、压力有关，m^2/s。

根据著名的尼古拉兹实验，流体处于层流状态时，λ 与钻孔壁相对粗糙度无关，则有 $\lambda = 64/Re$；当流体处于紊流状态时，λ 与 Re 无关，只和钻孔壁的相对粗糙度有关。

A 层流状态大小直径钻孔通过能力比较

因 $\lambda = 64/Re$，$d = 4S/U$，将其和式（4-2）代入式（4-1），得层流状态下的沿程阻力公式为：

$$h_f = \frac{2\nu\gamma LU^2 V}{gS^2} = \frac{2\nu\rho LU^2 V}{S^2} \tag{4-3}$$

令通过钻孔的混合气体量为 Q（m^3/s），则 $V = Q/S$，代入式（4-3）得：

$$h_f = \frac{2\nu\rho LU^2}{S^3}Q \tag{4-4}$$

当大直径钻孔沿程阻力 h_{f1} 与小直径钻孔沿程阻力 h_{f2} 相同时，有：

$$\frac{2\nu_1\rho_1 L_1 U_1^2}{S_1^3}Q_1 = \frac{2\nu_2\rho_2 L_2 U_2^2}{S_2^3}Q_2 \tag{4-5}$$

我们设定钻孔位于同一岩层中，同时依据钻孔施工工艺及钻孔中流体状态的实际情况：$\nu_1 = \nu_2$，$\rho_1 = \rho_2$，$L_1 = 10L_2$，$d_1/d_2 = 200/75$，则有：

$$Q_1/Q_2 = 5.06$$

若 $L_1 = L_2$，则

$$Q_1/Q_2 = 50.57$$

B 紊流状态大小直径钻孔通过能力比较

紊流状态下的钻孔沿程阻力公式为：

$$h_f = \frac{\lambda\gamma LUV^2}{8gS} = \frac{\lambda\rho LUV^2}{8S} = \frac{\lambda\rho LU}{8S^3}Q^2 \tag{4-6}$$

同层流状态的对比条件，则有：

$$Q_1/Q_2 = 2.25$$

若 $L_1 = L_2$，则

$$Q_1/Q_2 = 7.11$$

上述计算结果表明，在同等条件下，大直径钻孔的通过能力是小直径钻孔的 7.11 倍（紊流状态）。

4.2.1.2　大直径钻孔的抽采能力

大直径钻孔的作用面积是小直径钻孔作用面积的 2.67 倍，从理论上分析，可以使解吸的瓦斯通过裂隙到钻孔内需要克服的阻力大幅度减小，依据气体通过裂隙的阻力公式：

$$H = RQ^n = (A/S^3)Q^n \tag{4-7}$$

可以计算出抽采负压一定时，大小直径钻孔抽采能力之比为：

$$(A/S_1^3)Q_1^n = (A/S_2^3)Q_2^n \tag{4-8}$$

即

$$Q_1 = (S_1^3/S_2^3)^{1/n}Q_2 \tag{4-9}$$

当 $n=1$ 时　　　$Q_1 = (S_1^3/S_2^3)^{1/n}Q_2 = 19.03Q_2$

当 $n=1.2$ 时　　　$Q_1 = (S_1^3/S_2^3)^{1/n}Q_2 = 11.65Q_2$

从以上计算结果可以看出，在抽采负压一定的情况下，从抽采能力的角度考虑，大直径钻孔是小直径钻孔的 11.65 ~ 19.03 倍。

综上分析，大直径钻孔的通过能力在紊流状态下是小直径钻孔的 7.11 倍，同等负压情况下，大直径钻孔的抽采能力是小直径钻孔的 11.65 ~ 19.03 倍。研究表明，大直径钻孔抽采与其他抽采方式相比，施工简便，只要布置参数合理，就可以替代高抽巷与其他的抽采方法，在工作面形成合理的空间搭配方式，有利于进一步提高瓦斯抽采率。

4.2.2　顶板千米长大直径钻孔抽采瓦斯技术

4.2.2.1　顶板千米长大直径钻孔抽采瓦斯技术原理

在上述对覆岩采动裂隙分布特征及采空区卸压瓦斯运移规律研究的基础上，项目组结合从德国引进的千米定向钻机设备以及沙曲矿的实际情况，提出采用顶板千米长大直径高抽钻孔群和裂隙钻孔群联合抽采瓦斯，实现了煤与瓦斯双能源科学开采。

卸压瓦斯“O”形圈抽采理论表明，卸压瓦斯抽采钻孔的合理位置应布置在离层裂隙的“O”形圈内。高抽钻孔群就是在沿工作面倾斜方向靠近回风巷侧布置一组千米长大直径抽采钻孔，利用采动裂隙“O”形圈作为运移通道来抽采采空区瓦斯，如图 4-7 所示。高抽钻孔群布置靠近“O”形圈的回风侧，改变了采空区瓦斯流场，有效解决了上隅角瓦斯超限问题，且“O”形圈长期存在，抽采钻孔能够长时间、稳定地抽采出高浓度瓦斯。

由于沙曲矿近距离高瓦斯煤层群的赋存特性，瓦斯涌出量大，仅靠高抽钻孔群还不能完全解决沙曲矿的瓦斯治理难题，因此，基于上述理论分析，在采空区顶板裂隙区又布置了顶板裂隙抽采钻孔群，如图 4-7 所示。顶板裂隙钻孔群加强了采空区瓦斯抽采，直接对上邻近层卸压瓦斯进行抽采，减弱了采空区瓦斯涌出强度，从根本上解决了瓦斯超限难题。

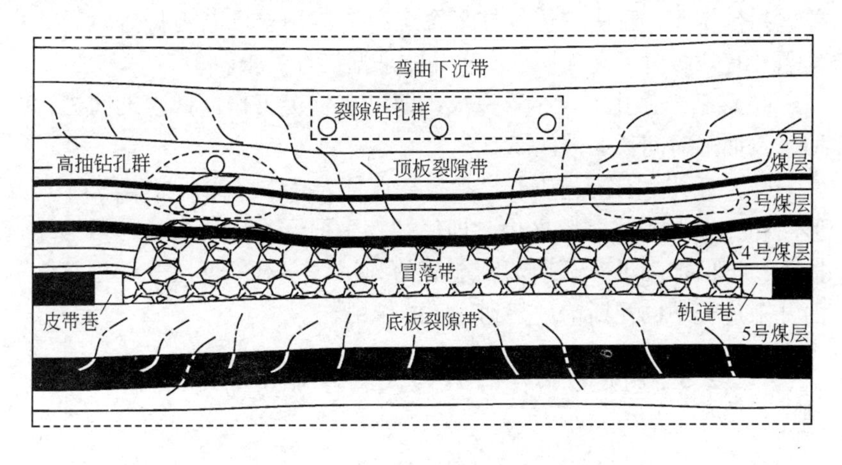

图 4-7 顶板千米长大直径钻孔抽采布置剖面示意图

4.2.2.2 顶板千米长大直径钻孔抽采瓦斯的技术优势

与传统的采空区抽放、邻近层抽放、尾巷抽放以及高抽巷抽放等综合抽放方式相比，沙曲矿采用顶板千米长大直径钻孔抽采技术存在如下优势：

（1）顶板千米长大直径钻孔抽采技术取代了采空区抽放、邻近层抽放及高抽巷抽放等综合抽放方式，施工简便，节约了抽放管路等材料费用。

（2）无需掘进高抽巷，不但使采区掘进工程量减少，而且避免了掘进过程中的瓦斯库问题，安全性高。

（3）千米抽采钻孔均布置在采空区高瓦斯聚集区域，其混合抽采量小，抽采浓度高，不但满足了瓦斯利用的浓度要求，而且节约了抽采运行费用。

（4）千米抽采钻孔群抽采瓦斯的流场呈多源多汇流场，其抽采负压改变了采空区内的瓦斯流场，大量的卸压瓦斯汇集进入抽采钻孔，减小了采空区瓦斯涌出强度，有效解决了综采面上隅角瓦斯超限难题。

（5）千米定向钻机布置在开拓大巷附近钻场内，可与采区巷道掘进并行作业，解决了传统抽采系统布置占用采区巷道掘进时间的难题，有效缓解了高瓦斯突出矿井的采掘接替紧张。

（6）千米钻孔一旦布置完成，即可在整个工作面回采期间进行抽采，抽采时间长，效能高。

（7）千米钻孔布置在长期稳定存在且为高浓度瓦斯聚集的“O”形圈和“∩”形拱裂隙区内，即使在综采面开采完毕后，亦可继续抽采，不但加强了对瓦斯清洁能源的利用，亦对邻近层及邻近工作面开采过程中的瓦斯治理起到一定的作用。

4.2.2.3　构建沙曲矿“煤与瓦斯双能源科学开采”技术框架

科学开采是指开采过程与地质环境在相互协调状态（保护环境）下最大限度地获取自然资源，是在不断克服各类复杂地质和工程环境带来的安全隐患中进行安全开采；主要涵盖机械化高效开采、绿色开采、安全开采及提高资源回采率等方面[160]。在上述分析研究的基础上，结合本煤层预抽法，构建了沙曲矿近距离高瓦斯煤层群“煤与瓦斯双能源科学开采”技术框架，如图 4-8 所示。

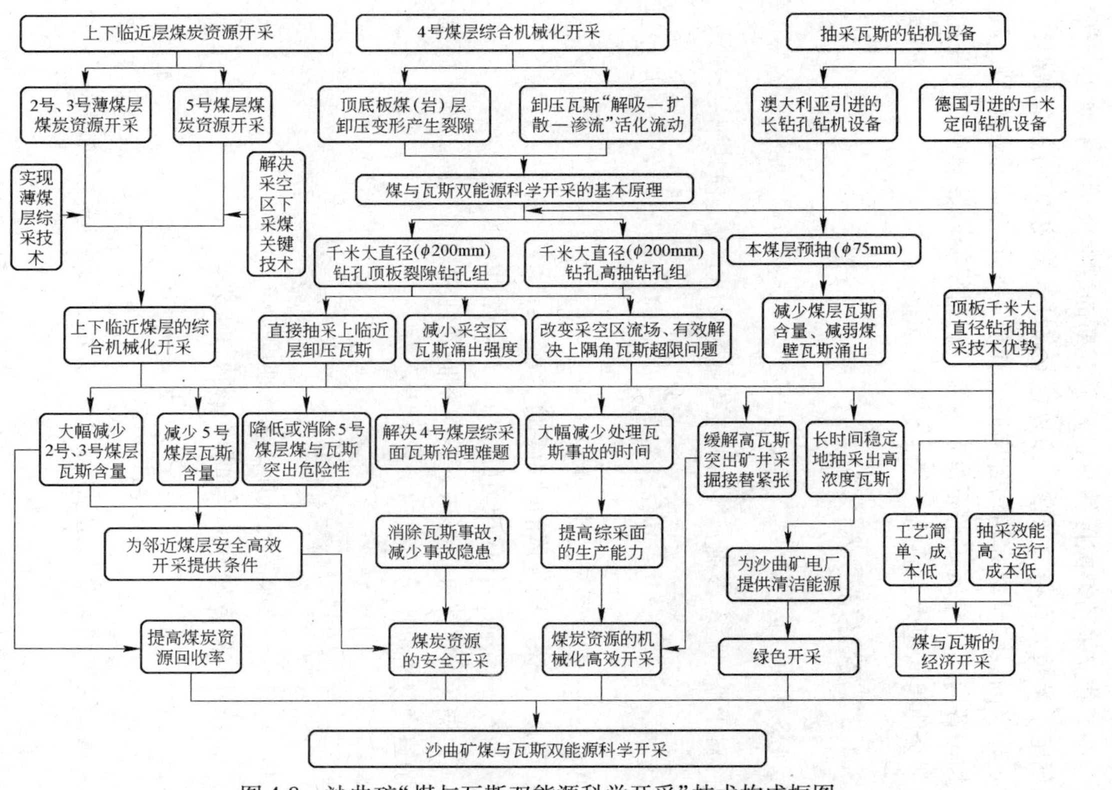

图4-8 沙曲矿“煤与瓦斯双能源科学开采”技术构成框图

4.3　采动裂隙区钻孔群抽采瓦斯的垂直平面稳态渗流模型

本节建立采动裂隙区钻孔群抽采瓦斯的数学模型，主要用于研究确定千米长大直径抽采钻孔参数。考虑计算简便和满足实际需要，确定建立的数学模型为均匀各向同性介质的平面稳态渗流模型，对于均匀各向同性介质的平面稳态渗流，利用复变函数理论在某些情况下会使得问题大为简化。

4.3.1　复变函数的引入

4.3.1.1　复势函数

对于平面稳态渗流，可以引进势函数 $\Phi(x,y)$，使其满足：

$$\Phi(x,y) = \frac{k}{\mu}P(x,y) \tag{4-10}$$

式中　k——裂隙系统的渗透率，m^2；

μ——采空区气体的动力黏度，Pa · s；

P——裂隙区气体压力的平方，$P=p^2$，Pa^2。

根据达西定律推广形式，均匀各向同性介质中气体二维平面流动的速度分量可用势函数的偏导数表示为：

$$V_x = -\frac{\partial \Phi}{\partial x},\quad V_y = -\frac{\partial \Phi}{\partial y} \tag{4-11}$$

式中　V_x，V_y——裂隙区气体的渗流速度分量，m/s。

由拉普拉斯方程可得平面稳态渗流方程为：

$$\frac{\partial^2 \Phi}{\partial x^2} + \frac{\partial^2 \Phi}{\partial y^2} = 0 \tag{4-12}$$

根据裂隙系统渗流运动的连续性方程，可引进流函数 $\psi(x,y)$，使其满足：

$$V_x = -\frac{\partial \psi}{\partial y},\quad V_y = \frac{\partial \psi}{\partial x} \tag{4-13}$$

则由式（4-11）和式（4-13）可得：

$$\frac{\partial \Phi}{\partial x} = \frac{\partial \psi}{\partial y}, \quad \frac{\partial \Phi}{\partial y} = -\frac{\partial \psi}{\partial x} \tag{4-14}$$

这表明势函数 Φ 与流函数 ψ 之间满足 Cauchy-Riemann 关系。将式（4-14）中第1个和第2个方程分别对 y 和 x 求偏导数，可得：

$$\frac{\partial^2 \psi}{\partial x^2} + \frac{\partial^2 \psi}{\partial y^2} = 0 \tag{4-15}$$

式（4-15）说明流函数 $\psi(x,y)$ 也满足二维拉普拉斯方程。满足式（4-12）、式（4-14）和式（4-15）的势函数 $\Phi(x,y)$ 和流函数 $\psi(x,y)$ 称为两个共轭的调和函数。根据复变函数理论，满足 Cauchy-Riemann 条件的两个调和函数可以构成一个解析的复变函数 $W(z)$，在所讨论的区域中 $W(z)$ 单值且每一点均有确定的有限函数，即：

$$W(z) = \Phi + \mathrm{i}\psi, \quad z = x + \mathrm{i}y \tag{4-16}$$

一个平面稳态渗流必须有一个确定的复势函数 $W(z)$。反之，一个解析的复势函数 $W(z)$ 也就代表一个平面稳态渗流。因此，求解平面稳态渗流问题，就可转化成寻求复变函数 $W(z)$ 或两个共轭的调和函数并使其满足边界条件的问题。

有了复势函数 $W(z)$，由其实部可求出压力分布，而 $W(z)$ 与速度分量的关系为：

$$\frac{\mathrm{d}W(z)}{\mathrm{d}z} = \frac{\partial \Phi}{\partial x} + \mathrm{i}\frac{\partial \psi}{\partial x} = -V_x + \mathrm{i}V_y \tag{4-17}$$

导数 $\frac{\mathrm{d}W(z)}{\mathrm{d}z}$ 称为复速度。它的共轭函数为：

$$\overline{\frac{\mathrm{d}W(z)}{\mathrm{d}z}} = -(V_x + \mathrm{i}V_y) = -V\mathrm{e}^{\mathrm{i}\alpha} \tag{4-18}$$

$\overline{\frac{\mathrm{d}W(z)}{\mathrm{d}z}}$ 称为共轭复速度。其中，V 是速度的绝对值；α 代表速度的方向，即 $\tan\alpha = \frac{V_y}{V_x}$。

4.3.1.2 等压线和流线相互正交

对于二维稳态渗流，等压线和流线可分别写成：

$$\Phi(x,y) = c_1 \tag{4-19}$$

$$\psi(x,y) = c_2 \tag{4-20}$$

式中，c_1 和 c_2 为任意常数。依据微积分学知识，平面中任意一点 $M(x,y)$处的等压线和流线的斜率分别为

$$k_1 = -\frac{\partial\Phi/\partial x}{\partial\Phi/\partial y},\quad k_2 = -\frac{\partial\psi/\partial x}{\partial\psi/\partial y} \tag{4-21}$$

由式（4-14）可得：

$$k_1 \cdot k_2 = -\frac{\partial\Phi/\partial x}{\partial\Phi/\partial y}\cdot\frac{\partial\Phi/\partial y}{\partial\Phi/\partial x} = -1 \tag{4-22}$$

因此，在均匀各向同性介质中，流场中等压线和流线相互正交。

4.3.1.3 镜像法和边界效应

镜像法对于有源汇的临近有直线或圆周不透气或等势边界具有其明显的优越性，其基本原理为：假设以 L_1 为边界的区域 D 中有一组源汇 s，在区域 D 以外再放置另一组源汇 s'，若 s'可使这两组源汇合成的流场满足边界 L_1 上的条件，则称源汇 s'是 s 于边界 L_1 的镜像。区域 D 中流场的解就是两组源汇的解叠加而成的。镜像法通常对于复杂的边界来说比较复杂，为了计算方便，本书中采动裂隙区钻孔群抽采瓦斯的垂直平面二维稳态渗流的数学模型只研究直线供给边界和圆形供给边界，其他形式以后再作进一步深入研究。

首先研究直线等势边界。设 $\Phi = \Phi(x,y,z)$ 在上半平面（$y>0$）满足偏微分方程：

$$\frac{\partial^2\Phi}{\partial x^2} + \frac{\partial^2\Phi}{\partial y^2} = \frac{1}{\chi}\frac{\partial\Phi}{\partial t} \tag{4-23}$$

式中 χ——反映裂隙气体压力传导特性的参数，简称导压系数，m^2/s，其表达式为：

$$\chi = \frac{kp}{n\mu}$$

n——裂隙孔隙度。

式（4-23）满足等势（即定压）边界条件 $\Phi(x,0,t) = 0$ 的解，

$\Phi(x,y,z)$ 只在 $y>0$ 半平面有定义。再定义一个对 y 的奇函数为 $\Phi(x,y,t)=-\Phi(x,-y,t)$，把它连续延拓到下半平面 $y<0$ 上的函数 $\Phi(x,y,z)$ 称为上半平面 $y>0$ 上的函数 $\Phi(x,y,z)$ 的奇镜像函数，即实际源汇与其镜像的强度绝对值相等，符号相反。奇镜像函数在全平面上均满足方程（4-23），在直线 $y=0$ 处连续且满足 $\Phi(x,0,t)=0$。由于势函数 Φ 对 x 的1阶导数是 y 的奇函数，对 y 的1阶导数是 y 的偶函数，即：

$$\left.\begin{aligned}\frac{\partial\Phi(x,y,t)}{\partial x}&=-\frac{\partial\Phi(x,-y,t)}{\partial x}\\\frac{\partial\Phi(x,y,t)}{\partial y}&=\frac{\partial\Phi(x,-y,t)}{\partial y}\end{aligned}\right\}\tag{4-24}$$

根据达西定律，则有：

$$\left.\begin{aligned}V_x(x,y,t)&=-V_x(x,-y,t)\\V_y(x,y,t)&=V_y(x,-y,t)\end{aligned}\right\}\tag{4-25}$$

这表明上下两个半平面上的流动图像互为镜像。由式（4-25）中的第一式知，在 $y=0$ 处 $V_x=0$，即 x 轴与流线垂直，y 轴与流线重合。

对于各向同性介质的稳态渗流采用复变函数予以处理。当以 x 轴（$y=0$）为边界的奇镜像，若区域 $y>0$ 的源汇给出复势为 $W_1(z)$，则在 $y=0$ 处存在等势边界情况下，在 $y>0$ 域中的复势为：

$$W(z)=W_1(z)-\overline{W}_1(z)\tag{4-26}$$

式中，$\overline{W}_1(z)$ 表示 $W_1(z)$ 除 z 以外的各复数取共轭值。

对于各向同性介质圆周等势边界稳态渗流，依据数学上的反演变换关系，若坐标原点取在圆心，圆的半径为 R，则圆内位于点 z_0 处的源汇其镜像在圆外处，所以若圆内源汇的复势为 $W_1(z)$，则存在圆周定压边界情况，其复势为：

$$W(z)=W_1(z-z_0)-\overline{W}_1\left(z-\frac{R_0^2}{z_0}\right)\tag{4-27}$$

4.3.2　复变函数求解无限大平面中钻孔抽采的渗流

4.3.2.1　无限大平面中单个钻孔抽采的渗流

前文所述一个解析的复势函数可代表一个平面稳态渗流，由渗流力学可知，无限大平面中位于点 z_0 的单个源汇稳态渗流对应的复势函数为：

$$W(z) = -\frac{q}{2\pi}\ln(z - z_0), \quad z_0 = x_0 + iy_0 \tag{4-28}$$

式中　q——源汇强度。

等势线是以 z_0 为圆心的同心圆，流线是通过点 z_0 的径向线。

4.3.2.2　无限大平面中多个钻孔抽采的渗流

设无限大平面中有任意多个抽采钻孔，其位置分别为 z_1，z_2，…，z_n，流量分别为 q_1，q_2，…，q_n。因为无限大平面中位于点 z_0 处流量为 q 的单个钻孔的复势函数为式（4-28）所给的对数式。根据叠加原理，可得其复势函数为：

$$W(z) = -\frac{1}{2\pi}\sum_{i=1}^{n} q_i\ln(z - z_i) = -\frac{1}{2\pi}\sum_{i=1}^{n} q_i(\ln r_i - i\theta_i) \tag{4-29}$$

则势函数和流函数为：

$$\Phi = -\frac{1}{2\pi}\sum_{i=1}^{n} q_i\ln r_i + c_1, \quad \psi = -\frac{1}{2\pi}\sum_{i=1}^{n} q_i\theta_i + c_2 \tag{4-30}$$

其中，$r_i^2 = (x - x_i)^2 + (y - y_i)^2$；$\theta_i = \arctan\dfrac{y - y_i}{x - x_i}$。

4.3.3　单钻孔抽采瓦斯渗流模型的镜像法求解

4.3.3.1　圆形区域内单个钻孔抽采

设气体流动区域为一半径 R 的圆形，边界是等势边界，内有一非中心点汇（抽采钻孔）位于 $z_0 = x_0 + iy_0$，强度为 q，其异号镜像位于圆外 $\dfrac{R^2}{\overline{z_0}}$ 处，由式（4-27）和式（4-28）可得其渗流的复势函数为：

$$W(z)=-\frac{q}{2\pi}\ln(z-z_0)+\frac{q}{2\pi}\ln\left(z-\frac{R^2}{\overline{z_0}}\right)\tag{4-31}$$

取 x 轴通过汇点，则有 $z_0=\overline{z_0}=x_0\equiv d$，$d$ 为汇点至原点距离，则有：

$$\begin{aligned}W(z)&=-\frac{q}{2\pi}\ln(z-d)+\frac{q}{2\pi}\ln\left(z-\frac{R^2}{d}\right)\\&=-\frac{q}{2\pi}\ln\frac{r_1}{r_2}-\mathrm{i}\frac{q}{2\pi}\left(\arctan\frac{y}{x-d}-\arctan\frac{y}{x-R^2/d}\right)\end{aligned}\tag{4-32}$$

式中　r_1——汇点至场点 $z=x+\mathrm{i}y$ 的距离；

　　r_2——镜像点$\frac{R^2}{d}$至场点的距离。

从而得势函数为：

$$\Phi(x,y)=-\frac{q}{2\pi}\ln\frac{r_1}{r_2}+C$$

将场点分别取在抽采钻孔壁和圆形等势边界，则有：

$$\Phi_{\mathrm{w}}=-\frac{q}{2\pi}\ln\frac{r_{\mathrm{w}}}{2a},\quad \Phi_{\mathrm{e}}=-\frac{q}{2\pi}\ln\frac{d}{R}\tag{4-33}$$

式中，$2a$ 是圆内汇点至圆外镜像点的距离。由三角形几何关系容易证明，对于等势边界圆上的任一点 D 有 $\frac{r_1}{r_2}=\frac{d}{R}$。两式相减可得：

$$q=\frac{2\pi(\Phi_{\mathrm{e}}-\Phi_{\mathrm{w}})}{\ln\frac{2ad}{r_{\mathrm{w}}R}}=\frac{2\pi(\Phi_{\mathrm{e}}-\Phi_{\mathrm{w}})}{\ln\frac{R^2-d^2}{r_{\mathrm{w}}R}}\tag{4-34}$$

设钻孔有效抽采长度为 m，$\Phi=\frac{kP}{\mu}$，则圆形等势边界内单个钻孔的抽采量为：

$$Q=\frac{2\pi kM(P_{\mathrm{e}}-P_{\mathrm{w}})}{\mu\ln\frac{R^2-d^2}{r_{\mathrm{w}}R}}\tag{4-35}$$

如果钻孔在圆形区域的圆心处，则上式中 $d \to 0$，则得圆形等势边界区域单个中心抽采钻孔的抽采量为：

$$Q = \frac{2\pi km(P_e - P_w)}{\mu \ln(R/r_w)} \tag{4-36}$$

4.3.3.2 直线供给边界附近单个钻孔抽采

设有无限长直线边界，抽采钻孔至直线的距离为 d。直线是供给边界，则镜像是异号的，实际流动限于上半平面。对于距离直线边界为 d 的抽采钻孔，若取直线界边为 x 轴，则由式（4-26）和式（4-28）可得其流动的复势函数为：

$$W(z) = -\frac{q}{2\pi}\ln(z - d) + \frac{q}{2\pi}\ln(z + d) \tag{4-37}$$

则势函数为：

$$\Phi(x, y) = -\frac{q}{4\pi}\ln\frac{x^2 + (y + d)^2}{x^2 + (y - d)^2} + C \tag{4-38}$$

将场点分别取在钻孔壁上（$x = 0, y = d \pm r_w$）和直线边界的坐标原点处（$x = 0$，$y = 0$），则有：

$$\Phi_e = -\frac{q}{4\pi}r\ln\frac{d^2}{d^2} + C, \quad \Phi_w = -\frac{q}{4\pi}\ln\frac{4d^2}{r_w^2} + C \tag{4-39}$$

两式相减，得：

$$q = \frac{2\pi(\Phi_e - \Phi_w)}{\ln\dfrac{2d}{r_w}} \tag{4-40}$$

设钻孔有效抽采长度为 M，$Q = qM$，$\Phi = \dfrac{kP}{\mu}$，则直线供给边界附近一钻孔的抽采量为：

$$Q = \frac{2\pi kM(P_e - P_w)}{\mu \ln(2d/r_w)} \tag{4-41}$$

将式（4-41）与式（4-36）相比较可知，若直线供给边界附近的抽采钻孔与直线的距离小于供给圆半径的$\dfrac{1}{2}$，则直线供给边界附近抽采钻孔的抽采量稍高于圆形供给边界中心钻孔抽采量，但差别不是很大。这说明对于实际供给边界形状并非理想的几何形状（直线或圆），而是介乎这二者之间时，上述公式仍适用，表明由于边界形状判断不准而引起的钻孔抽采量的偏差是不大的。因此，为了计算方便，本书将高抽钻孔群位于的裂隙发育区，近似看成一个半径为 R 的圆形区域。

4.3.4 钻孔群抽采瓦斯的平面稳态渗流模型

建立钻孔群抽采瓦斯的平面稳态渗流数学模型，研究抽采钻孔之间的相互影响问题，并从钻孔抽采率及等效抽采半径等角度研究确定千米长大直径钻孔群的布置参数。前文分析表明，顶板采动裂隙区高抽钻孔群主要起到替代高抽巷的作用，依据渗流力学和现场实际情况可知，相同条件下裂隙发育区域内的钻孔之间的距离越大，其单孔抽采率越高，因此，由几何知识可知，一定区域内同等钻孔群数量成圆周布置方式的抽采效果要明显优于单一水平或垂直布置方式。为了计算上的方便，本节分别建立钻孔群成圆周布置的高抽钻孔群抽采瓦斯的平面稳态渗流模型和裂隙钻孔群抽采瓦斯的平面稳态渗流模型。

千米长大直径钻孔抽采条件下瓦斯在采空区顶板上部采动裂隙区内的流动受到多种因素影响。为了简化问题，找出主要影响因素之间的相互关系，以指导矿井瓦斯治理的实际工作，这里对采动裂隙区千米长大直径钻孔抽采条件下的瓦斯平面稳态渗流模型做了如下基本条件假设及模型简化：

（1）瓦斯流场内温度变化不大，瓦斯在采动裂隙区内的流动过程为等温过程。

（2）瓦斯为理想气体，瓦斯在采动裂隙区的流动服从达西定律和质量守恒定律。

（3）采动裂隙区为均质，即 $K_x = K_y = K_z = K$。

（4）在采动裂隙区垂直平面上，近似将单个大直径钻孔抽采引起的瓦斯流动认为是不可压缩流体径向稳定流动。

（5）钻孔抽采流量为固定值，且每个钻孔抽采负压相等。

（6）采空区上方裂隙区受通风负压影响较小，现场实测综采面进回侧的压差仅为 260Pa 左右，远远小于千米钻孔抽采负压（18.66～23.99kPa），忽略通风负压影响。

（7）建立钻孔群抽采瓦斯渗流模型仅考虑抽采钻孔群自身之间的相互干扰问题，暂不考虑高抽钻孔群和裂隙钻孔群之间的影响。

（8）采空区各瓦斯涌出源的瓦斯在通风负压及自身特性的作用下，一部分进入回风巷，另一部分升浮，经过 3 号煤层后，受千米钻孔抽采负压的影响，进入到抽采钻孔内。3 号煤层瓦斯含量大，且位于采动裂隙区的下部，可以认为其残余瓦斯含量及残余瓦斯压力是稳定的，既是瓦斯由采空区运移至顶板采动裂隙区的通道，又是瓦斯补给的源泉。

（9）高抽钻孔群主要是起到替代高抽巷的作用，建立的高抽钻孔群的平面稳态渗流数学模型是为了研究高抽钻孔群半径及等效抽采半径等参数对抽采效果的影响，暂不考虑临近煤层对钻孔抽采的影响。

（10）前文研究表明，抽采钻孔的圆形边界或直线边界对钻孔的抽采效果影响不大，因此，为了计算简便，高抽钻孔群抽采瓦斯的平面稳态渗流模型可以用圆形区域内成圆周布置的钻孔群抽采瓦斯流动模型来等价代替。

（11）千米抽采钻孔的直径仅为 200mm，且裂隙钻孔群位于采动裂隙区域中部，距两侧边界距离为钻孔直径的 50 倍以上，因此，近似认为模型两侧为无限边界，则该模型可以用以下部 3 号煤层为补给边界的半无限平面大直径钻孔抽采瓦斯流动模型等价代替。

在做出上述假设及模型近似简化的基础上，首先依据单个钻孔抽采瓦斯的渗流模型和叠加原理建立钻孔群抽采瓦斯的基本关系式，然后分别建立成圆周布置的高抽钻孔群和成水平单一排布置的裂隙钻孔群的平面稳态渗流模型，如图 4-9 所示。

4.3.4.1 钻孔群抽采瓦斯的基本关系式

气体二维稳态渗流理论表明，对于钻孔抽采量而言，其仅取决于外边界和钻孔中的平均压力，而并不要求广大边界上压力是均匀

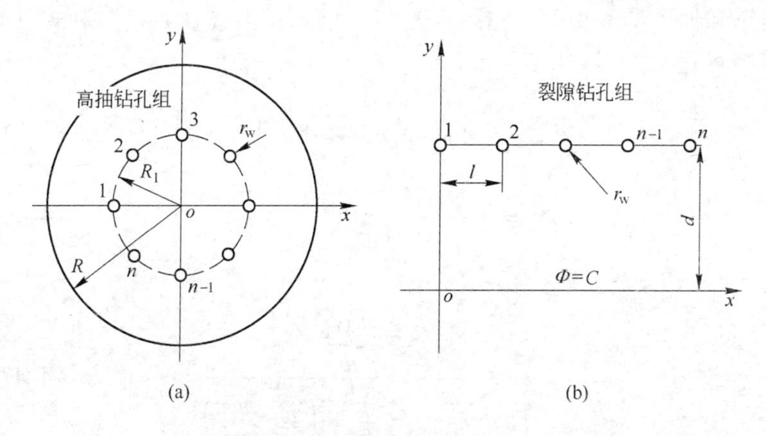

图 4-9 钻孔群抽采瓦斯的平面稳态渗流模型

（a）圆形区域内成圆周布置的钻孔群抽采；（b）无限长供给边界的钻孔群抽采

的。根据多个钻孔抽采渗流的叠加结果，其势函数可由式（4-30）表示。设千米钻孔有效抽采长度为 M，则有：

$$P(x,y) = C + \frac{\mu}{2\pi kM}\sum_{j=1}^{n} Q_j \ln r_j \tag{4-42}$$

式中 r_j——第 j 个钻孔位置（x_j，y_j）到场点（x，y）的距离。

将整个区域近似看成半径为 R 的圆，坐标原点取在圆心或某个钻孔上。将场点位置分别取在边界和第 j 个钻孔位（x_j，y_j）上，则其压力分别为：

$$p_e = C + \frac{\mu}{2\pi kM}\sum_{j=1}^{n} Q_j \ln R \tag{4-43}$$

$$p_j = C + \frac{\mu}{2\pi kM}Q_j \ln r_j + \frac{\mu}{2\pi kM}\Sigma' Q_i \ln r_{ij} \tag{4-44}$$

式（4-43）和式（4-44）是处理钻孔群抽采问题的基本关系式，由此式可求得各个钻孔抽采量，并分析钻孔间的相互影响问题。

4.3.4.2 钻孔组成圆周布置的平面稳态渗流模型

设有 n 个钻孔均匀分布在半径为 R_1 的圆周上，各个钻孔的抽采负压和抽采量都相等，如图 4-9（a）所示。由式（4-43）和式（4-44）可得：

$$P_w = C + \frac{\mu Q_j}{2\pi kM}(\ln r_w + \Sigma' \ln r_{ij}) \tag{4-45}$$

$$P_e = C + \frac{\mu n Q_j}{2\pi kM}\ln R \tag{4-46}$$

令 $\Delta P = P_e - P_w$，得：

$$Q_j = \frac{\dfrac{2\pi kM\Delta P}{\mu}}{\ln \dfrac{R^n}{R_1^{n-1} r} - \sum_{m=1}^{n-1} \ln\left(2\sin\dfrac{m\pi}{n}\right)} \tag{4-47}$$

则总抽采量为：

$$Q^{(n)} \equiv nQ_j = \frac{\dfrac{2\pi kM\Delta P}{\mu}}{\left[\ln\dfrac{R}{R_1} + \dfrac{1}{n}\ln\dfrac{R_1}{r_w} - \dfrac{1}{n}\sum_{m=1}^{n-1}\ln\left(2\sin\dfrac{m\pi}{n}\right)\right]} \tag{4-48}$$

注：等效半径的对数是 $\ln R$ 减去上式方括号内的量。

由以上分析可以看出，随着钻孔数的增多，彼此之间的相互干扰也增大，即每个钻孔的抽采量减少，钻孔数目多到一定程度时所得的抽采量的增加，将不足以抵消附加的成本。

4.3.4.3　裂隙钻孔群抽采瓦斯的平面稳态渗流模型

根据模型的假设和简化，我们将裂隙钻孔群抽采瓦斯的平面稳态渗流转化成如图 4-9(b) 所示的无限长供给边界附近单一等间距并与供给边界平行的钻孔群抽采问题。x 轴即为无限长直线供给边界，千米抽采钻孔群作为汇点距直线供给边界距离均为 h，钻孔间距为 d，钻孔直径半径为 R_0，钻孔抽采量为 Q_i。根据镜像原理，以 x 轴为对称轴的位置上存在一异号抽采钻孔群，实际流动限于上半平面。在单个千米钻孔抽采瓦斯渗流研究的基础上，应用叠加原理研究直线供给边界多个钻孔抽采瓦斯问题，由式（4-37）得其复势函数为：

$$W(z) = -\frac{1}{2\pi}\sum_{i=1}^{n} q_i \ln\left[\frac{(z' - z_i)}{(z - z_i)}\right] \tag{4-49}$$

则其势函数为：

$$\Phi(x,y) = -\frac{1}{4\pi}\sum_{i=1}^{n} q_i \ln\frac{[x-(i-1)d]^2 + (y+h)^2}{[x-(i-1)d]^2 + (y-h)^2} + C \tag{4-50}$$

采动裂隙区抽采条件下多钻孔抽采瓦斯流动场的压力分布方程式为：

$$P(x,y) = P_c + \frac{\mu}{4\pi KL}\sum_{i=1}^{n} Q_i \ln\frac{[x-(i-1)d]^2 + (y-h)^2}{[x-(i-1)d]^2 + (y+h)^2} \tag{4-51}$$

假定每个钻孔的抽采负压相等，则钻孔抽采量 Q_j 可由式（4-52）来确定：

$$P_e - P_w = \frac{\mu}{4\pi Kh}\left\{2Q_j \ln\frac{2d}{r_w} + \Sigma' Q_m \ln\left[1 + \frac{4d^2}{l^2(m-j)^2}\right]\right\} \tag{4-52}$$

$$j = 0,1,2,\cdots,n-1$$

式中，Σ'表示对 m 从 0 到 $n-1$ 求和，但不含 $m=j$。

（1）当顶板裂隙钻孔仅为 1 个，即 $n=1$ 时，由式（4-52）可得：

$$Q_0 = \frac{2\pi kM\Delta P/\mu}{\ln(2d/r_w)}$$

可以看到，该式与式（4-41）相同。

（2）当顶板裂隙钻孔群的钻孔数为 2 个，即 $n=2$ 时，依据建立的瓦斯流动模型有 $Q_1 = Q_2$，则：

$$Q_1 = Q_2 = \frac{2\pi kM\Delta P/\mu}{\ln(2d/r_w) + \frac{1}{2}\ln(1 + 4d^2/l^2)}$$

上式分母中的第 2 项代表钻孔间的相互影响，由此可以明显看出，两个钻孔越是靠近（l 减小），其相互间的干扰便越大，则单孔抽采率也越低。

（3）当顶板裂隙钻孔群的钻孔数为 3 个时，依据建立的瓦斯流动模型有 $Q_1 = Q_3$，则将场点分别取在 No. 1 和 No. 2 钻孔上，建立 2 个方程即可：

$$\left.\begin{aligned}\Delta P &= [2Q_3\ln(2h/R_0) + Q_1\ln(1 + h^2/d^2) + Q_2\ln(1 + 4h^2/d^2)]/4\pi\lambda L \\ \Delta P &= [2Q_2\ln(2h/R_0) + Q_1\ln(1 + 4h^2/d^2) + Q_3\ln(1 + h^2/d^2)]/4\pi\lambda L\end{aligned}\right\} \tag{4-53}$$

由以上方程组可得：

$$Q_1 = Q_3 = \frac{4\pi kM\Delta P/\{\mu\ln[(4d^2/r_w^2)/(1+4d^2/l^2)]\}}{\ln(4d^2/r_w^2)[\ln(4d^2/r_w^2)+\ln(1+d^2/l^2)]-2[\ln(1+4d^2/l^2)]^2} \tag{4-54}$$

$$Q_2/Q_1 = 1 - \frac{\ln[(1 + 4d^2/l^2)/(1 + d^2/l^2)]}{\ln[(4d^2/r_w^2)/(1 + 4d^2/l^2)]} \tag{4-55}$$

由式（4-54）和式（4-55）分析可以得出如下结论：

（1）抽采钻孔距离无限长直线供给边界的距离 d 值越小，则抽采量越大；

（2）抽采钻孔间距 l 值越小，即两钻孔越靠近，则抽采量越小；

（3）在采动裂隙分布特征和卸压瓦斯流动规律的基础上，抽采钻孔群的布置位置及间距对瓦斯抽采效率会产生较大的影响。

5　试验综采面抽采参数研究及现场试验

针对沙曲矿高瓦斯近距离煤层群条件下综采面开采过程中的瓦斯治理难题，前面章节已进行了工作面瓦斯涌出量实测与预测、采空区的瓦斯运移集聚特征研究、合理通风系统的确定、大直径长钻孔的抽采原理分析以及钻孔群抽采瓦斯的二维平面稳态渗流模型建立，本章将在上述研究的基础上对某一典型试验综采面的抽采方式及抽采钻孔参数进行研究确定，并以此进行现场试验，观测其抽采效果。

5.1　综采面瓦斯抽采方式及参数确定

5.1.1　综采面抽采方式的确定

5.1.1.1　顶板大直径长钻孔抽采方式

沙曲矿现有的综采面采用了本煤层预抽、尾巷倾斜钻孔抽采邻近层、尾巷钻孔抽采采空区和倾斜高抽巷抽采瓦斯的综合治理措施，该治理措施对沙曲矿已回采工作面的安全开采起到了关键作用，但回采进度受到制约，未能实现高瓦斯煤层综采面的高产高效高安全开采。综采面的瓦斯治理一直以来都是沙曲矿的首要任务，且业已成为沙曲矿亟待解决的关键难题。随着瓦斯赋存条件的变化，该矿井的试验综采工作面在回采过程中上隅角瓦斯浓度频繁出现超限现象，严重影响了综采工作面的正常运行。沙曲矿为了解决这个制约本矿井生产的首要难题，于 2007 年 4 月从德国引进 DDR-1200 定向钻机，并开展了采用该钻机形成超长大直径钻孔进行瓦斯抽采的试验研究。

依据前文的研究结果以及综合比较几种常用抽采方案的优缺点，

研究确定取消原有施工复杂、工程量大的尾巷倾斜钻孔抽采邻近层、尾巷钻孔抽采采空区和倾斜高抽巷抽采瓦斯的方式，而采用顶板大直径长钻孔抽采邻近层和采空区瓦斯的方式替代上述三种抽采方式。前文对采动覆岩运移规律、采空区瓦斯的储集规律进行了研究，确定采用顶板高抽钻孔群和裂隙钻孔群进行瓦斯抽采，其中高抽钻孔群靠近回风巷，位置相对较低，主要起到高抽巷或内错巷的作用，主要抽采采空区“O”形圈区域内的瓦斯；顶板裂隙抽采钻孔群位于工作面顶板裂隙带区域，位置相对较高，主要抽采采空区顶板裂隙带内集聚的瓦斯，以减小采空区瓦斯的涌出强度。几种常用顶板抽采方案优缺点如表5-1所示。

表5-1 几种常用顶板抽采方案优缺点

抽采方式	尾巷顶板倾斜钻孔	走向顶板岩石钻孔	高抽巷	顶板大直径长钻孔
优点	抽采时间长；抽采不受运输生产影响；容易施工	和顶板裂隙沟通好；总钻孔工程量比尾巷小；抽采瓦斯浓度高	断面大，抽采瓦斯量大；和裂隙带沟通好	钻孔总工程量小；可与采掘巷道并行作业；瓦斯抽采管路简单；可实现较大范围抽采；有效抽采时间长
缺点	需要开掘和维护专用尾巷；钻孔工程量大；钻孔和裂隙带贯通性差	钻孔有效抽采时间短；施工工程量大；在巷道施工时和运输相互干扰	增加专用瓦斯抽采巷道；巷道掘进和维护费用高	钻孔施工时存在卡钻的可能性；需要专用钻机

5.1.1.2 本煤层预抽方式

前面的实测结果表明，在现有综采面瓦斯综合治理措施下，沙曲矿综采面煤壁瓦斯的涌出量仍达45.21m^3/min，占综采面瓦斯涌出量的42.3%。因此，本煤层预抽仍是沙曲矿综采面瓦斯治理的重要技术措施之一。本煤层预抽主要通过改变钻孔布置方式提高抽采率来进行优化，但不改变原有抽采工艺。

目前，我国本煤层顺层预抽钻孔的布置方式主要有钻场扇形小直径钻孔、顺层平行小直径钻孔、顺层交叉小直径钻孔和顺层平行大直径钻孔等几种方式，其优缺点如表 5-2 所示。

表 5-2 本煤层顺层预抽钻孔布置方案优缺点

抽采方式	小直径钻孔			顺层平行大直径
	钻场扇形	顺层平行	顺层交叉	
优点	可减少钻机搬家次数；可与掘进并行作业，对掘进工作的干扰小	能均匀布孔抽放，工程量少	钻孔在煤层内部形成立体交叉的网格状分布，且交叉点处煤层卸压充分、范围增大；低透气性煤层抽采效果好	瓦斯自然涌出初始量较大，瓦斯流量衰减系数较小；钻孔间距相对增大，从而相对减少了工程量和钻机搬家次数
缺点	需要开掘钻场；钻孔在煤层内分布不均匀；扇形孔对周围煤体破坏较多，封孔处易漏气	干扰掘进作业；对于低透气性煤层，钻孔布置较密，工程量大	干扰掘进作业；施工工程量比平行孔大	干扰掘进作业；易塌孔、夹钻；施工难度大

由表 5-2 可知，顺层交叉小直径钻孔和顺层平行大直径钻孔预抽本煤层瓦斯的效果较好。沙曲矿综掘工作面曾采用从澳大利亚引进的 VLD-2500 型定向钻机进行掘进面的预抽试验，钻孔成孔直径为 150mm，但钻孔塌孔现象非常严重。因此，结合现场的实际地质生产情况确定沙曲矿综采面本煤层预抽方式采用顺层交叉小直径钻孔布置方式。通过对交叉钻孔周围破坏区分布和孔间破坏区相互影响的分析，认为交叉钻孔提高瓦斯抽采效果主要体现在以下几个方面：

（1）交叉钻孔间的应力叠加使得钻孔破坏区形成相互影响区，增大了钻孔破坏区范围和连通性，从而相对提高了钻孔抽采范围内的煤层透气性。

（2）钻孔连通性的增加，使得煤层内形成了一个相互连通的复杂网络，从而有效克服了因塌孔而导致钻孔抽采量急剧减小或抽采不出瓦斯的缺陷，亦相当于增加了钻孔的有效抽采长度。

（3）交叉钻孔中的迎面斜向钻孔使得该抽采方式在工作面煤壁

支承影响区内比单一的平行钻孔有更多边采边抽钻孔和更长的抽采时间，瓦斯抽采效果得到提升。

因此，在以上分析研究的基础上，确定沙曲矿试验综采面采用顶板千米长大直径长钻孔抽采和本煤层小直径交叉钻孔预抽的方式进行瓦斯治理。

5.1.2 顶板大直径长钻孔参数研究

顶板大直径长钻孔的布置主要取决于开采煤层上覆煤岩层的赋存条件、采动裂隙分布特征、冒落带和裂隙带高度、采空区瓦斯运移储集规律等因素，其布置参数设计主要包括钻孔数量、钻孔间距和布置方式。由前文建立的钻孔群抽采瓦斯的平面稳态渗流模型可知，钻孔群之间的间距越小，其相互之间的影响就越严重，单孔瓦斯抽采量就越小。在采空区高抽巷或高抽钻孔布置区域范围一定的条件下，同等钻孔数量的钻孔群成圆周分布时的钻孔间距大于钻孔成单一水平或垂直布置时的钻孔间距，因此，钻孔群成圆周布置为替代高抽巷的首选布置方式。为此，首先确定高抽巷的合理位置，其次以高抽巷中心点为圆心，依据成圆周布置的钻孔群的平面稳态渗流数学模型研究确定钻孔群成圆周布置的数量及钻孔分布半径。

5.1.2.1 高抽巷合理位置优化

根据采动裂隙分布特征的数值模拟结果及现场实际情况，初步确定高抽巷（高抽钻孔群）的钻孔位置位于开采煤层顶板垂高10～25m内，距回风侧水平距离10～35m范围内。选取前文建立的用以研究采空区瓦斯运移规律的FLUENT数值模型中$Z=15$m平面的瓦斯浓度曲面（见图5-1）进行分析，以进一步确定高抽巷（或高抽钻孔群）的布置范围。由图5-1可知，在回风侧水平距离10～35m范围内，距工作面20m内的瓦斯浓度在9.5%～18.2%，距工作面20～38m内的瓦斯浓度在17.7%～38.4%，再向采空区深部延伸（越过尾巷），瓦斯浓度急剧攀升至63.8%，进一步向采空区深部延伸，瓦斯浓度则稳步上升。如图5-1所示，由于瓦斯尾巷的存在，在同一X数值位置下，回风侧水平距离（Y值）20～28m范围内瓦斯浓度均略高于5～10m和28～35m处的瓦斯浓度。因此，高抽巷（或高抽钻孔群）的位置选为距回风侧水平距离20～28m范围内，最低抽采钻孔高度达15m（距顶板高度12.5m）以上即能满足较高的瓦斯抽采浓度。

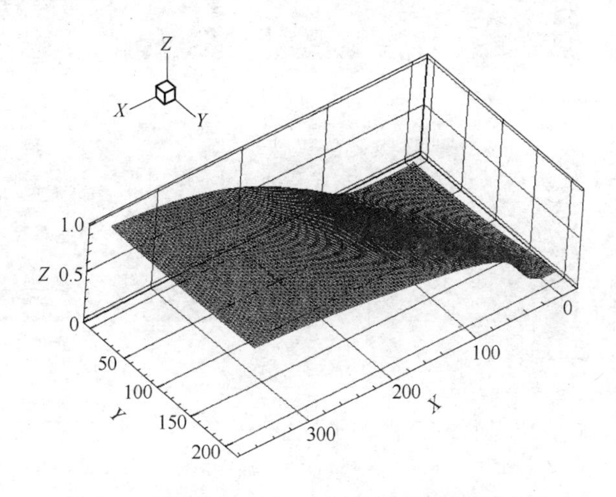

图5-1 采空区 $Z=15\text{m}$ 水平截面瓦斯浓度曲面图

在上述分析的基础上，确定高抽巷中心（或高抽钻孔群布置圆心）的水平位置为距回风侧水平距离24m。对于高抽巷在竖直方向上的位置，可采用数值模拟方法对高抽巷的抽采浓度和上隅角的瓦斯浓度的变化进行分析对比后确定。数值模拟中高抽巷断面为矩形，宽2.0m，高2.0m，对高抽巷高度（Z值）分别为15m、18m、21m和24m时进行数值模拟，图5-2和图5-3分别为不同高度高抽巷的上隅角瓦斯浓度场和高抽巷中心水平面瓦斯浓度场的水平截面图。由图5-2和图5-3可知，当高抽巷高度分别为15m、18m、21m和24m时，综采面上隅角的瓦斯浓度值分别为6.92%、6.65%、7.86%和11.43%，高抽巷的抽采浓度为34.3%，35.7%，37.1%和40.4%。图5-4为高抽巷不同高度与上隅角瓦斯浓度的关系曲线图。

从图5-4可以看出，当高抽巷高度从15m变化到18m时，综采面上隅角瓦斯浓度从6.92%降至6.65%；当高抽巷高度继续上升时，上隅角瓦斯浓度值又开始上升；当高抽巷高度上升至24m，上

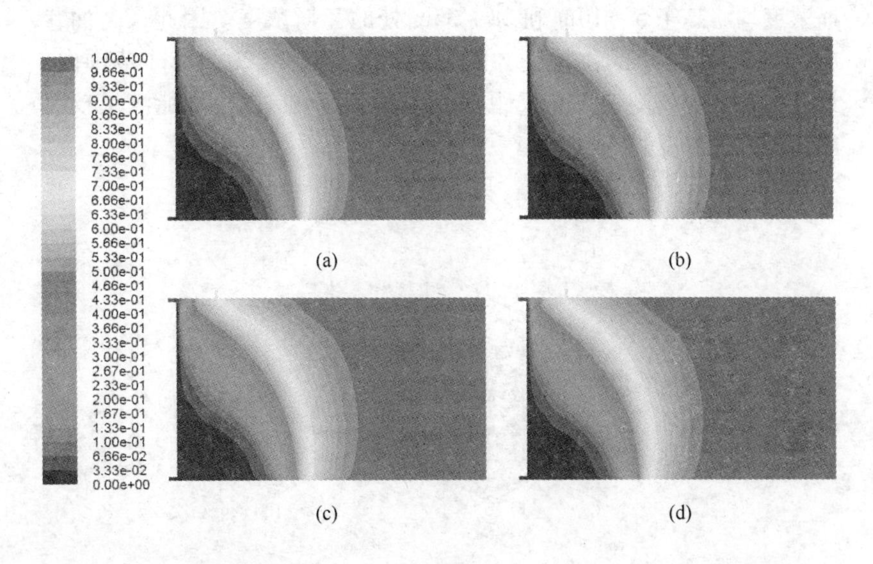

图 5-2　高抽巷不同高度条件下的采空区 $Z=2.5\text{m}$ 截面上瓦斯浓度分布

（a）$Z_{高}=15\text{m}$；（b）$Z_{高}=18\text{m}$；（c）$Z_{高}=21\text{m}$；（d）$Z_{高}=24\text{m}$

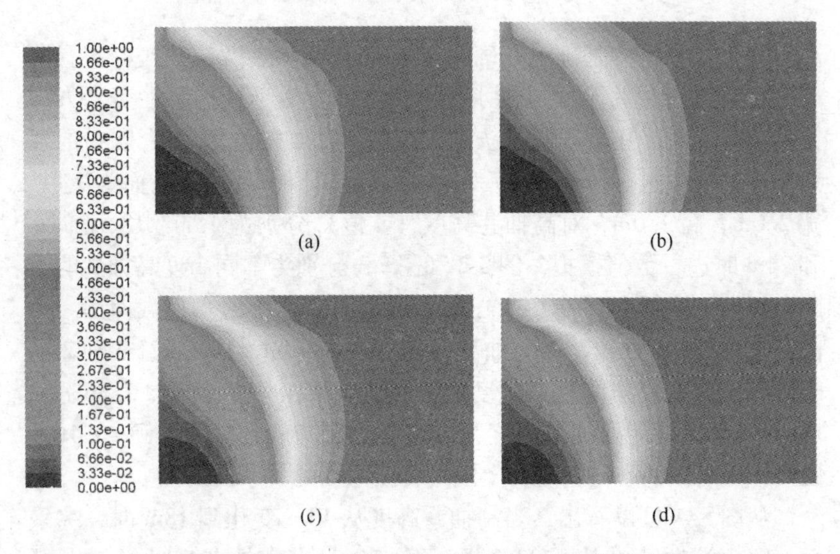

图 5-3　高抽巷不同高度条件下的高抽巷中心高度水平截面上瓦斯浓度分布

（a）$Z_{高}=15\text{m}$；（b）$Z_{高}=18\text{m}$；（c）$Z_{高}=21\text{m}$；（d）$Z_{高}=24\text{m}$

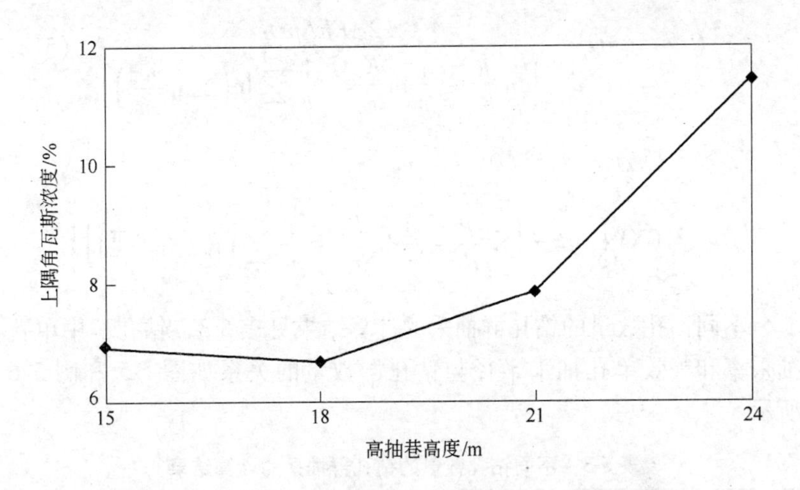

图 5-4 高抽巷不同高度与上隅角瓦斯浓度值的关系曲线

隅角瓦斯浓度上升至 11.43%。本书中采空区垂直平面的瓦斯流场分析表明，抽采巷道周围区域以及抽采巷道位置高度的上部和下部一定区域的瓦斯亦最终汇入抽采巷道，因此，分析认为当高抽巷位置较低时，高抽巷在垂直平面上对采空区较低区域瓦斯流场控制较好，而对采空区上部裂隙区瓦斯流场控制相对较弱；当高抽巷位置由较低高度上升至 18m 时，高抽巷对采空区较低区域瓦斯流场控制减弱，而对采空区上部裂隙区瓦斯流场控制逐渐增强；当高抽巷高度由 18m 继续上升时，高抽巷对采空区较低区域瓦斯流场控制继续减弱，采空区较低区域（冒落区）瓦斯大部分直接汇入回风巷，使得上隅角瓦斯浓度反而增加。综合上述分析认为，高抽巷高度为 18m 时是其对采空区瓦斯流场上下区域控制的最佳平衡位置。

5.1.2.2 大直径长钻孔替代高抽巷的研究

本小节将依据建立的圆周钻孔群抽采瓦斯的平面稳态渗流模型对抽采钻孔布置的直径及数量进行优化研究。n 个钻孔均匀分布在半径为 R_1 的圆周上，各个钻孔的抽采负压和抽采量均相等，则其总抽采量为：

$$Q^{(n)} \equiv nQ_j = \frac{2\pi Kh\Delta p/\mu}{\left[\ln\frac{R}{R_1} + \frac{1}{n}\ln\frac{R_1}{r_w} - \frac{1}{n}\sum_{m=1}^{n-1}\ln\left(2\sin\frac{m\pi}{n}\right)\right]} \tag{5-1}$$

等效半径为：

$$R_{等} = \mathrm{EXP}\left\{\ln R - \left[\ln\frac{R}{R_1} + \frac{1}{n}\ln\frac{R_1}{r_w} - \frac{1}{n}\sum_{m=1}^{n-1}\ln\left(2\sin\frac{m\pi}{n}\right)\right]\right\}$$

不同钻孔数量的钻孔群抽采的计算结果见表5-3，钻孔群中单孔抽采率和等效单孔抽采半径与钻孔群数量的关系如图5-5和图5-6所示。

表5-3　不同钻孔数量的钻孔群抽采的计算结果

钻孔数量/个	钻孔半径/m	钻孔分布半径/m	单孔抽采率/%	等效半径/m
2	0.2	4.5	85.22	1.34
3	0.2	4.5	70.96	2.30
4	0.2	4.5	59.85	2.92
5	0.2	4.5	52.10	3.41

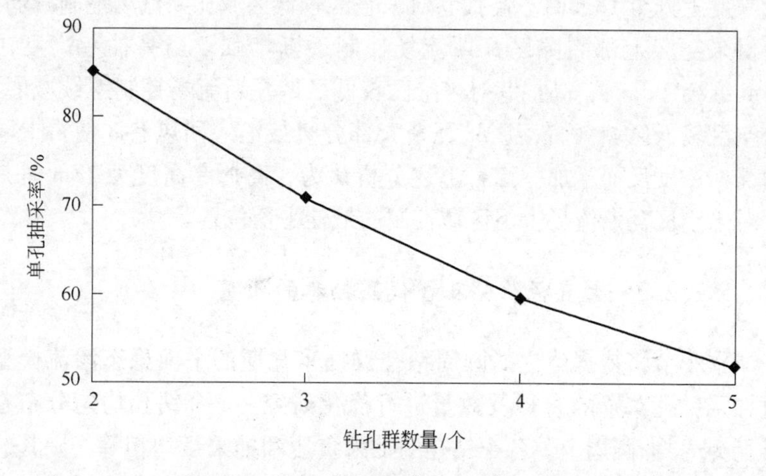

图5-5　单孔抽采率与钻孔群数量的关系

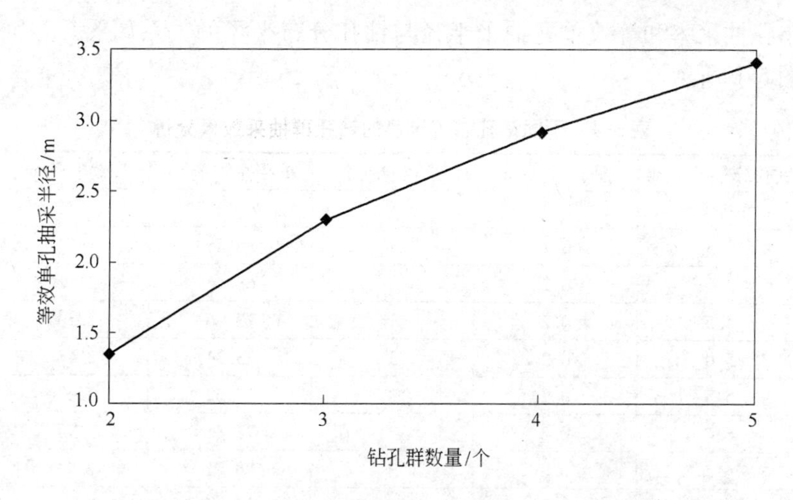

图5-6 等效单孔抽采半径与钻孔群数量的关系

从表5-3和图5-5可以看出，在钻孔半径和钻孔分布半径一定的情况下，当钻孔数量由2个增加到5个时，单个钻孔抽采率由85.22%降低至52.10%，其下降速率逐渐减小。当钻孔数量为4个或者5个时，单个钻孔抽采率降至60%以下，且该抽采钻孔的长度基本上均大于工作面的回采长度（一般大于1000m），钻孔数量的增加使得钻孔施工量和施工时间成线性增加。因此，综合考虑上述因素初步确定采用2个或3个钻孔取代高抽巷。表5-3和图5-6表明，在钻孔半径和钻孔分布半径一定的情况下，当钻孔数量由2个增加到3个时，等效单孔抽采半径由1.34m增加到2.30m，增加了71.64%；当钻孔数量由3个增加到4个时，等效单孔抽采半径由2.30m增加到2.92m，增加了26.96%；当钻孔数量由4个增加到5个时，等效单孔抽采半径由2.92m增加到3.41m，增加了16.78%。由此可以看出，当钻孔由3个增加到5个时，增长率较小，因此，仍不考虑钻孔数量大于3个的情况。当钻孔数量为3个时，其等效抽采面积为4.15m^2，而钻孔数量为2个时，其等效抽采面积为1.34m^2，与高抽巷的实际横截面积相差太远。综合上述分析，确定取代高抽巷的钻孔数量为3个。

不同钻孔布置半径的钻孔群抽采的效果分析见表5-4。钻孔群中单孔抽采率和等效单孔抽采半径与钻孔分布半径的关系如图 5-7 和图 5-8 所示。

表 5-4　不同钻孔布置半径的钻孔群抽采效果分析

钻孔分布半径/m	钻孔半径/m	钻孔数量/个	单孔抽采率/%	等效半径/m
3.0	0.2	3	63.07	1.75
3.5	0.2	3	65.85	1.94
4.0	0.2	3	68.46	2.12
4.5	0.2	3	70.96	2.30
5.0	0.2	3	73.33	2.47
5.5	0.2	3	75.62	2.63
6.0	0.2	3	77.85	2.78
6.5	0.2	3	80.01	2.94
7.0	0.2	3	82.13	3.09

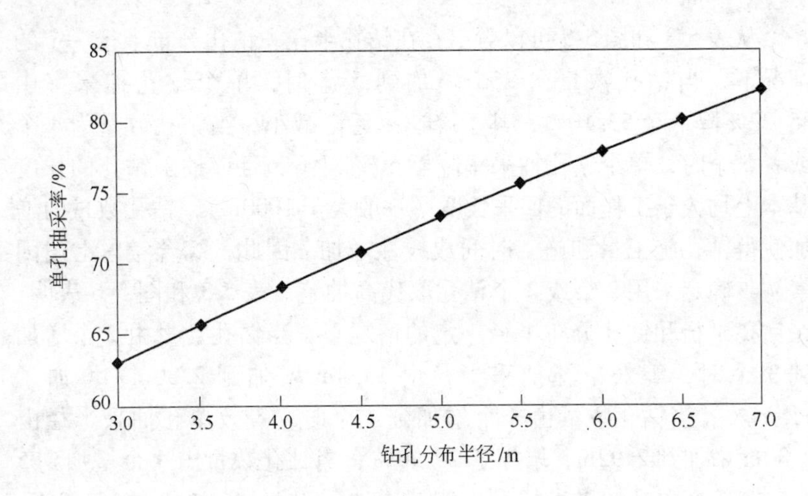

图 5-7　单孔抽采率与钻孔分布半径的关系

从表 5-4、图 5-7 和图 5-8 可以看出，在钻孔半径和钻孔数量一定的情况下，随着钻孔分布半径的增加，单孔抽采率和等效单孔抽采半径均增加，但其增加幅度逐渐变缓。前文研究结果表明，圆形布置的钻孔群圆心高度距顶板 15.5m，考虑现场煤岩层赋存不稳定的实际情况，为了确保千米长大直径钻孔不会打进 3 号煤层而布置

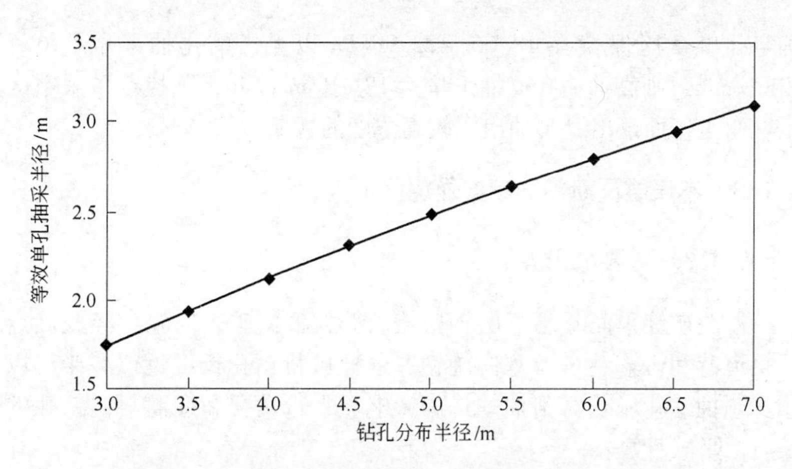

图 5-8 等效单孔抽采半径与钻孔分布半径的关系

在岩层中，确定钻孔的最低高度距 3 号煤层顶板 2m 以上。

综合上述对采动裂隙分布特征、采空区瓦斯运移储集规律、稳态渗流数学模型的研究以及考虑施工简便，确定高抽钻孔群的钻孔数量为 3 个，三个钻孔在垂直面上成等边三角形布置（三个钻孔在圆周上），钻孔间距取 8m，为了施工及记录方便，1 号和 3 号钻孔位于 4 号煤层顶板 13m 处，2 号钻孔距 4 号煤层顶板 20m 处，顶板高抽钻孔群抽采瓦斯钻孔布置如图 5-9 所示。根据沙曲矿的实际情况

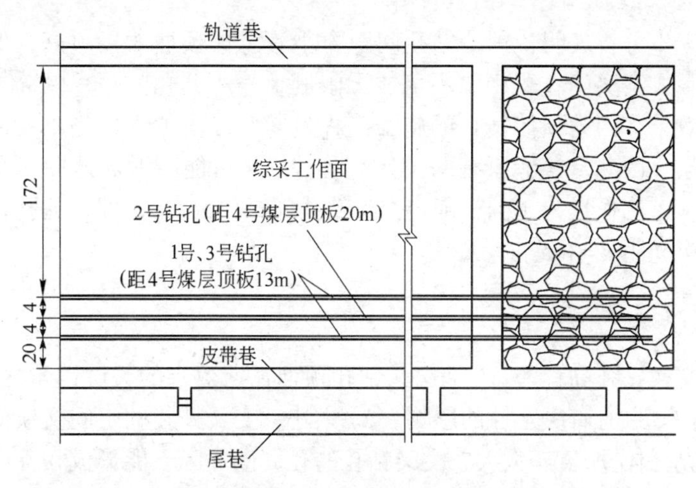

图 5-9 顶板高抽钻孔群抽采瓦斯钻孔布置图（尺寸单位：m）

确定孔口负压保持在 18.66 ~ 23.99kPa 以上，单孔抽采量达 6 ~ 12m³/min，则高抽钻孔群抽采量达 18 ~ 36m³/min，既拦截了采空区瓦斯向工作面涌出，又抽出了较高浓度的瓦斯。

5.1.3 本煤层瓦斯预抽参数确定

5.1.3.1 钻孔长度

沙曲矿综采面开层煤层较松软破碎，根据矿方的施工经验确定从轨道巷和运输巷进行双向施钻，这样可将钻孔长度近似减半，以减少预抽钻孔塌孔对预抽效果的影响。平行钻孔和迎面斜向钻孔的长度由下式计算：

$$L_p = (L_0 - 10)/2 \tag{5-2}$$

$$L_a = L_p/\sin(90° - \alpha) \tag{5-3}$$

式中 L_p——平行钻孔长度，m；
L_0——工作面斜长，m；
L_a——迎面斜向钻孔长度，m；
α——钻孔夹角，(°)。

5.1.3.2 交叉钻孔间距

理论分析表明，预抽钻孔间距愈小其总体预抽效果愈好，但是在实际方案实施过程中，不可能无限制地缩小钻孔间距，以寻求高预抽效果，因为预抽钻孔的施工工程量及施工成本等也是重要的考虑因素。因此，参考原有的设计经验，以尽可能不增加沙曲矿预抽钻孔施工工作量为基础，确定交叉钻孔间距仍为 6m，即钻孔孔口水平投影间距 $d = 6$m。

5.1.3.3 交叉钻孔高程差 Δh

交叉钻孔高程差 Δh 是交叉钻孔预抽瓦斯效果的关键因素之一，对预抽效果有着决定性的影响。Δh 太小，交叉钻孔的空间交叉效应不能充分体现；Δh 太大，交叉钻孔的孔周破坏区不能形成相互影响带和充分影响带，发挥不了交叉钻孔的空间交叉效应。文献检索结果表明，Δh 的最佳取值范围为 6～8 倍的钻孔直径。这里 Δh 取 8 倍孔径，则 $\Delta h = 8 \times 75\text{mm} = 600\text{mm}$。

5.1.3.4　钻孔夹角

为了确保钻孔有较多空间交叉点，以及平行钻孔和迎面斜向钻孔在孔长近似相同情况下能在相同水平投影线上终孔，钻孔夹角由下式确定：

$$\alpha = 90° - \arcsin(L_p - L_a) \tag{5-4}$$

取 $L_a = (1.05 \sim 1.10)L_p$，代入式（5-4）得 $\alpha = 17.75° \sim 24.62°$，结合沙曲矿煤层赋存条件和打钻条件以及施工的简便，α 取 $15° \sim 20°$。

综合考虑取：$L_p = 95\text{m}$；$L_a = 100\text{m}$；$\alpha = 18°$。

沙曲矿本煤层预抽交叉钻孔布置如图 5-10 所示。交叉钻孔由平行钻孔和斜向钻孔构成，平行钻孔直径 75mm，开孔位置距煤层底板的距离 $h_1 = 0.8 \sim 0.9\text{m}$，钻孔方向垂直于皮带（轨道）巷，钻孔长 90～95m；斜向钻孔直径 75mm，开孔位置距煤层底板的距离 $h_2 = 1.4 \sim 1.5\text{m}$，钻孔方向与皮带（轨道）巷夹角 $\alpha = 70° \sim 75°$，钻孔长 100～105m。钻孔孔口水平投影间距 $d = 6\text{m}$。

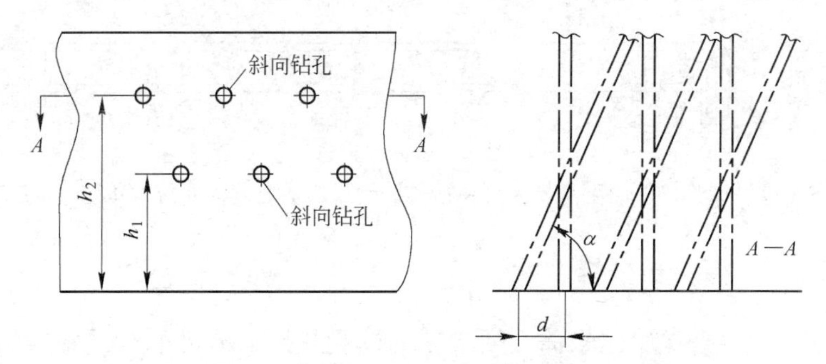

图 5-10　沙曲矿综采工作面本煤层预抽交叉钻孔布置

5.2　试验综采面瓦斯抽采的现场试验及效果分析

在上述对大直径钻孔抽采参数研究的基础上，对沙曲矿试验工作面进行顶板千米长大直径钻孔抽采的现场试验，同时进行现场观测并给出结论。

5.2.1 试验综采面瓦斯抽放系统

沙曲矿建有两座瓦斯抽放站，北翼抽放站装备 2BEC67A 型水环真空泵4 台，单台电动机功率450kW，额定流量350m³/min，两台工作，两台备用。南翼抽放站装备 CBF410A-2BV$_3$ 型水环真空泵两台，单台电动机功率 185kW，额定流量 150m³/min，一台运转，一台备用。试验综采面千米长大直径抽采钻孔于千米钻机钻场处直接接入南二集中巷的 ϕ500mm 主抽放管路。试验综采面千米长大直径钻孔抽放瓦斯系统布置如图 5-11 所示。

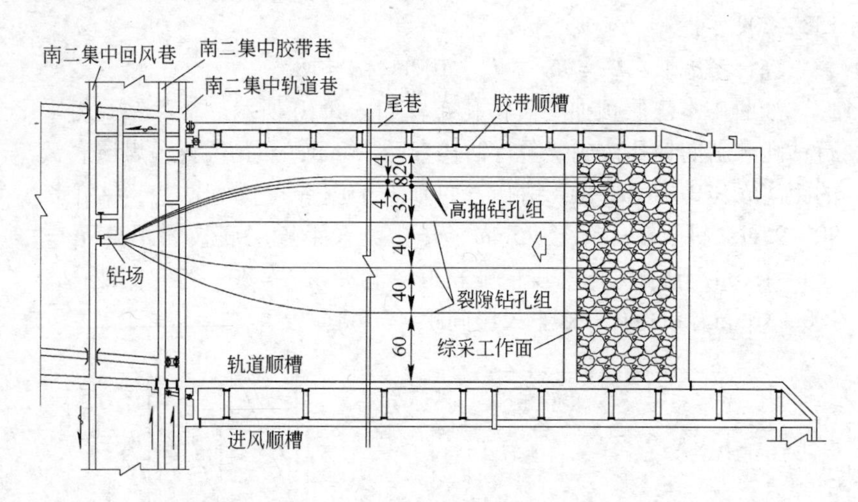

图 5-11 试验综采面千米长大直径钻孔抽放瓦斯系统布置（尺寸单位：m）

5.2.2 抽采效果分析

为了掌握试验综采面瓦斯抽采的试验效果，项目组对试验后的上隅角、回风巷、尾巷瓦斯浓度以及钻孔抽采浓度进行了现场实测，比较全面地了解了抽采系统的运行状态，并指导了后续综采面的瓦斯抽采方案设计。图 5-12 为观测一个月的上隅角、尾巷及回风巷瓦斯浓度变化曲线，从图中可以看出，上隅角、尾巷及回风巷中的瓦斯浓度一直稳定在《煤矿安全规程》的允许值以下，未发生瓦斯超限现象。图 5-13 为高抽钻孔和裂隙钻孔平均抽采瓦斯浓度变化曲线（大直径千米钻孔平均抽采瓦斯量为 58.34m^3/min，平均风排瓦斯量为 40.72m^3/min，工作面瓦斯抽采率为 58.9%）。从图 5-13 中可以看出，大直径钻孔抽采浓度均达到 50% 以上，其中高抽钻孔因相对高度较低，受通风负压影响较大，抽采浓度较低，且振幅较大；裂隙钻孔抽采瓦斯浓度则较高，振幅较小。实践表明，顶板大直径钻孔抽采有效地解决了沙曲矿综采面瓦斯超限难题，且钻孔抽采浓度稳定在较高的水平，不仅为矿井安全高效生产创造了条件，而且还为沙曲矿电厂提供了清洁能源，实现了瓦斯资源合理有效利用。

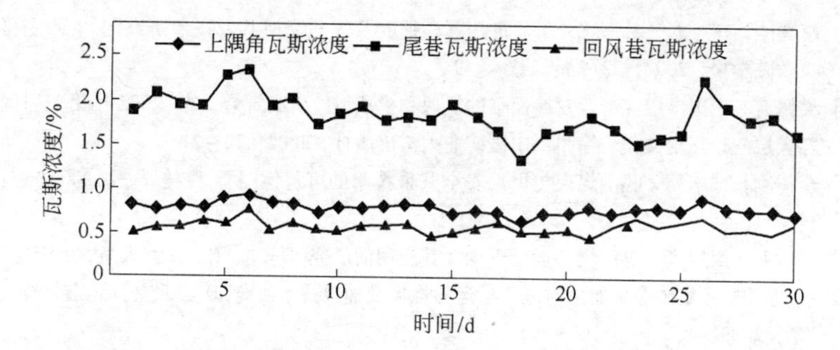

图 5-12　上隅角、尾巷及回风巷瓦斯浓度变化曲线

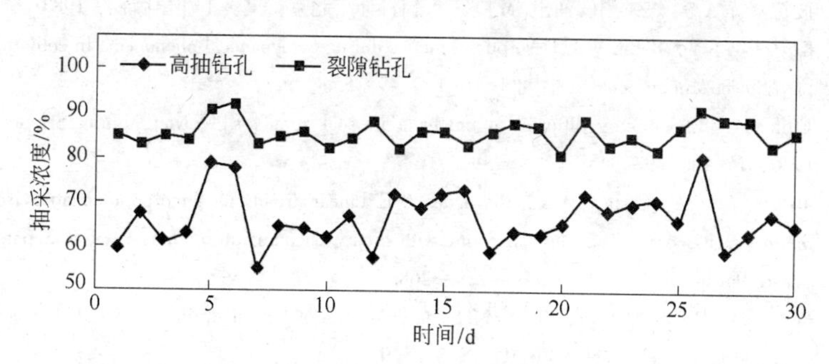

图 5-13　高抽钻孔和裂隙钻孔平均抽采瓦斯浓度变化曲线

参考文献

[1] 袁亮. 松软低透煤层群瓦斯抽采理论与技术[M]. 北京：煤炭工业出版社，2004.

[2] 胡社荣，刘海荣. 中国煤矿超大死亡事故及其原因雏析[J]. 中国矿业，2009，18(5)：99～103.

[3] 刘琦，徐义勇. 2007年煤矿事故统计分析及预防对策[J]. 矿业安全与环保，2009，36(2)：82～84.

[4] 周世宁，林柏泉. 煤矿瓦斯动力灾害防治理论及控制技术[M]. 北京：科学出版社，2007.

[5] 谢生荣，武华太，赵耀江，等. 高瓦斯煤层群"煤与瓦斯共采"技术研究[J]. 采矿与安全工程学报，2009，26(2)：173～178.

[6] 李树刚，李生彩，林海飞，等. 卸压瓦斯抽取及煤与瓦斯共采技术研究[J]. 西安科技学院学报，2002，22(3)：247～249.

[7] 吴佩芳. 中国煤层气产业发展面临的机遇和挑战[C]//罗新荣，等. 2002年第三届国际煤层气论坛论文集. 徐州：中国矿业大学出版社，2002：20～21.

[8] 李树刚，钱鸣高. 我国煤层与甲烷安全共采技术的可行性[J]. 科技导报，2000(6)：39～41.

[9] 吴世跃. 煤层气与煤层耦合运动理论及其应用的研究[D]. 沈阳：东北大学，2005.

[10] 丁厚成. 张集矿综采面采空区瓦斯运移规律及抽放技术研究[D]. 北京：北京科技大学，2008.

[11] 王晓亮. 煤层瓦斯流动理论模拟研究[D]. 太原：太原理工大学，2003：2～4.

[12] 彼特罗祥 A Э. 煤矿沼气涌出[M]. 宋世钊，译. 北京：煤炭工业出版社，1983.

[13] Kuznetsov S V，Bobin V A. Desorption kinetics during gasdynamical phenomena in collieries [J]. Soviet Mining Science，1980，16(1)：49～55.

[14] Ettingers I L. Solubility diffusion of methane in coal strata [J]. Soviet Mining Science，1980，16(1)：49～54.

[15] Mendes A M M，Costa C A V，Rodrigues A E. Linear driving for force approximation isothermal non-isobaric diuffsion/convection with binary langmuir absorption [J]. Gas Separation & Purification，1995，9(4)：259～268.

[16] Levy J H，Day S J，Kilingley J S. Methane capacities of Bowen Basin coals related to coal properties[J]. Fuel，1997，76(9)：813～819.

[17] Waclaw Dziurzynski，Andrzej Krach. Mathematical model of methane emission caused by collapse of rock mass crump [J]. Archives of Mining Sciences，2001，46(4)：433～449.

[18] 王佑安，杨思敬. 煤与瓦斯突出的某些特征[J]. 煤炭学报，1980(1)：33～37.

[19] 王佑安，朴春杰. 用煤解吸瓦斯速度法井下测定煤层瓦斯含量的初步研究[J]. 煤矿安全，1981(11)：8～13.

[20] 王佑安，朴春杰．井下煤的瓦斯解吸指标及其与煤层区域突出危险性的关系[J]．煤矿安全，1982(7)：16～22.
[21] 杨其銮，王佑安．煤屑瓦斯扩散理论及其应用[J]．煤炭学报，1986，11(3)：62～70.
[22] 杨其銮．关于煤屑瓦斯扩散规律的试验研究[J]．煤矿安全，1987(2)：9～16.
[23] 杨其銮，王佑安．瓦斯球向流动的数学模型[J]．中国矿业大学学报，1988(4)：44～48.
[24] 聂百胜，何学秋，王恩元．瓦斯气体在煤层中的扩散机理及模式[J]．中国安全科学学报，2000，10(12)：24～28.
[25] 聂百胜，何学秋，王恩元．瓦斯气体在煤孔隙中的扩散模式[J]．矿业安全与环保，2000，27(5)：13～16.
[26] 郭勇义，吴世跃．煤粒瓦斯扩散规律及扩散系数测定方法的探讨[J]．山西矿业学院学报，1997(1)：16～19.
[27] 郭勇义，吴世跃．煤粒瓦斯扩散规律与突出预测指标的研究[J]．太原理工大学学报，1998，29(2)：138～142.
[28] Tezraghi K. Theoretical soil Mechnaics[M]. New York：John Wiley & Sons，Inc.，1943.
[29] Кричевский Р. М. Олриродев Неуанных Выденений И Выбросов Угляигая [J]. Броллетеньмакний，1948(18).
[30] Чбаринова Кочина Л. Я. Онеустанов Чвыейся Хильтрачийгая Вугольном Пласте[J]. Прикл. Мат. И мех.，1953(6).
[31] 周世宁，孙缉正．煤层瓦斯流动理论及其应用[J]．煤炭学报，1965，2(1)：24～36.
[32] 中国矿业学院瓦斯组．煤与瓦斯突出的防治[M]．北京：煤炭工业出版社，1979：34～78.
[33] 周世宁．煤层瓦斯运动理论分析[J]．北京矿业学院学报，1957(1)：36～45.
[34] 周世宁．煤层透气系数的测定和计算[J]．中国矿业学院学报，1980(1)：1～5.
[35] 周世宁．从钻孔瓦斯压力上升曲线计算煤层透气系数的方法[J]．中国矿业学院学报，1982(3)：8～15.
[36] 周世宁．用电子计算机对两种测定煤层透气系数方法的检验[J]．中国矿业学院学报，1984，2(3)：46～51.
[37] 郭勇义．煤层瓦斯一维流场流动规律的完全解[J]．中国矿业学院学报，1984，2(2)：19～28.
[38] 谭学术．矿井煤层真实瓦斯渗流方程的研究[J]．重庆建筑工程学院学报，1986(1)：106～112.
[39] 魏晓林．有钻孔煤层瓦斯流动方程及其应用[J]．煤炭学报，1988，13(1)：61～62.
[40] 余楚新，鲜学福．煤层瓦斯流动理论及渗流控制方程的研究[J]．重庆大学学报，1989，12(5)：1～9.
[41] 孙培德．煤层瓦斯流动方程补正[J]．煤田地质与勘探，1993，21(5)：61～62.

[42] Sun Peide. Coal gas dynamics and it applications[J]. Scientia Geologica Sinica, 1994, 3(1): 66 ~ 72.

[43] 孙培德. 煤层瓦斯流动理论及其应用[C]//中国煤炭学会 1988 年学术年会论文集. 北京: 煤炭工业出版社, 1988.

[44] 张广祥, 谭学术, 鲜学福, 等. 煤层瓦斯运移数学模型[J]. 重庆大学学报, 1994, 17(4): 53 ~ 64.

[45] 孙培德. 煤层瓦斯流场流动规律的研究[J]. 煤炭学报, 1987, 12(4): 74 ~ 82.

[46] Sun Peide. Study on the mechanism of interaction for coal and methane gas[J]. Journal of Coals Science & Engineering, 2001, 7(1): 58 ~ 63.

[47] 黄运飞, 孙广忠. 煤-瓦斯介质力学[M]. 北京: 煤炭工业出版社, 1993.

[48] 孙培德. 煤层瓦斯动力学的基本模型[J]. 西安矿业学院学报, 1989(2): 7 ~ 13.

[49] 罗新荣. 煤层瓦斯运移物理模型与理论分析[J]. 中国矿业大学学报, 1991, 20(3): 36 ~ 42.

[50] Luo Xinrong, Yu Qixiang. Physical simulation and analysis of methane transport in coal seam [J]. Journal of China University of Mining & Technology, 1994, 4(1): 24 ~ 31.

[51] 罗新荣. 可压密煤层瓦斯运移方程与数值模拟研究[J]. 中国安全科学学报, 1998, 8(5): 19 ~ 23.

[52] Snghfi A. 煤层瓦斯流动的计算机模拟及其在预测瓦斯涌出和抽采瓦斯中的应用[C]//第 22 届国际采矿安全会议论文集. 北京: 煤炭工业出版社, 1987.

[53] 周世宁. 瓦斯在煤层中流动的机理[J], 煤炭学报, 1990, 15(1): 61 ~ 74.

[54] 米尔扎占扎捷 A X. 天然气开采工艺[M]. 朱恩灵, 等译. 北京: 石油工业出版社, 1993: 130 ~ 214.

[55] 吴世跃. 煤层瓦斯扩散渗流规律的初步探讨[J]. 山西矿业学院学报, 1994(3): 259 ~ 263.

[56] 吴世跃, 郭勇义. 煤层气运移特征的研究[J]. 煤炭学报, 1999, 24(1): 65 ~ 70.

[57] 段三明, 聂百胜. 煤层瓦斯扩散-渗流规律的初步研究[J]. 太原理工大学学报, 1998, 29(4): 14 ~ 18.

[58] 周世宁, 林柏泉. 煤层瓦斯赋存与流动理论[M]. 北京: 煤炭工业出版社, 1999.

[59] 赵阳升, 胡耀青, 赵宝虎, 等. 块裂介质岩体变形与气体渗流的耦合数学模型及其应用[J]. 煤炭学报, 2003, 28(1): 41 ~ 45.

[60] Somerton W H. Effect of stress on permeability of coal[J]. Int. J. Rock Mech. Min. Sci. & Geomech. Abstr., 1975, 12(2): 151 ~ 158.

[61] Harpalani S, Mopherson M J. The effect of gas evacuation on coal permeability test speciments [J]. Int. J. Rock. Meth. Min. Sci. & Geomech. Abstr., 1984, 21(3): 361 ~ 364.

[62] Khodot V V. Role of methane in the stress state of a coal seam[J]. Soviet Mining Science, 1980, 16(5): 460 ~ 466.

[63] Harpalani S. Gas flow through stressed coal[D]. Berkeley: Univ. of California, 1985.

[64] Enever J R E, Henning A. The relationship between permeability and effective stress for Aus-

tralian coal and its implication with respect to coalbed methane exploration and reservoir modeling[C]//Proceedings of the 1997 International Coalbed Methane Symposium, 1997: 13 ~ 22.

[65] 林柏泉，周世宁. 含瓦斯煤体变形规律的实验研究[J]. 中国矿业学院学报，1986，15(3)：67 ~ 72.

[66] 林柏泉，周世宁. 煤样瓦斯渗透率的实验研究[J]. 中国矿业学院学报，1987，16(1)：21 ~ 28.

[67] 靳钟铭，赵阳升，贺军，等. 含瓦斯煤层力学特性的实验研究[J]. 岩石力学与工程学报，1991，10(3)：271 ~ 280.

[68] 赵阳升，胡耀青. 孔隙瓦斯作用下煤体有效应力规律的实验研究[J]. 岩土工程学报，1995，17(3)：26 ~ 31.

[69] 赵阳升，胡耀青，杨栋，等. 三维应力下吸附作用对煤岩体气体渗流规律影响的实验研究[J]. 岩石力学与工程学报，1999，18(6)：651 ~ 653.

[70] 何学秋，周世宁. 煤和瓦斯突出机理的流变假说[J]. 中国矿业大学学报，1990，19(2)：1 ~ 9.

[71] 鲜学福. 地电场对煤层中瓦斯渗流影响的研究[R]. 国家自然科学基金资助项目研究总结报告，1993.

[72] 余楚新. 煤层中瓦斯富集、运移的基础与应用研究[D]. 重庆：重庆大学，1993.

[73] 曹树刚，鲜学福. 煤岩固-气耦合的流变力学分析[J]. 中国矿业大学学报，2001，30(4)：362 ~ 365.

[74] 赵阳升. 煤体-瓦斯耦合数学模型及数值解法[J]. 岩石力学与工程学报，1994，13(3)：229 ~ 239.

[75] Zhao Yangsheng, Jin Zhongming, Sun Jun. Mathematical for coupled solid deformation and methane flow in coal seams[J]. Appl. Math. Modeling, 1994, 18(6): 328 ~ 333.

[76] 赵阳升. 矿山岩石流体力学[M]. 北京：煤炭工业出版社，1994.

[77] 赵阳升，段康廉，胡耀青，等. 块裂介质岩石流体力学研究新进展[J]. 辽宁工程技术大学学报，1999，18(5)：459 ~ 462.

[78] 赵阳升，胡耀青，杨栋，等. 气液二相流体裂缝渗流规律的模拟实验研究[J]. 岩石力学与工程学报，1999，18(3)：354 ~ 356.

[79] 梁冰，章梦涛. 可压缩瓦斯气体在煤层中渗流规律的数值模拟[C]//中国北方岩石力学与工程应用学术会议论文集. 北京：科学出版社，1991.

[80] 梁冰，章梦涛. 对煤矿岩体中固流耦合效应问题研究的探讨[J]. 阜新矿业学院学报(自然科学版)，1993，12(2)：1 ~ 6.

[81] 梁冰，章梦涛，王泳嘉. 煤和瓦斯突出的固流耦合失稳理论[J]. 煤炭学报，1995，20(5)：492 ~ 496.

[82] 梁冰，章梦涛，王泳嘉. 煤层瓦斯渗流与煤体变形的耦合数学模型及数值解法[J]. 岩石力学与工程学报，1996，15(2)：135 ~ 142.

[83] 梁冰，章梦涛. 从煤和瓦斯的耦合作用及煤的失稳破坏看突出的机理[J]. 中国安全

科学学报，1997，7(1)：6～9.

[84] 梁冰，刘建军，王锦山．非等温情况下煤和瓦斯固流耦合作用的研究[J]．辽宁工程技术大学学报，1999，18(5)：483～486.

[85] 梁冰，刘建军，范厚彬，等．非等温情况下煤层中瓦斯流动的数学模型及数值解法[J]．岩石力学与工程学报，2000，19(1)：1～5.

[86] 孙可明，梁冰，王锦山．煤层气开采中两相流阶段的流固耦合渗流[J]．辽宁工程技术大学学报，2001，20(1)：36～39.

[87] 孙可明，梁冰，朱月明．考虑解吸扩散过程的煤层气流固耦合渗流研究[J]．辽宁工程技术大学学报，2001，20(4)：548～549.

[88] 孙培德，鲜学福．煤层气越流的固气耦合理论及其应用[J]．煤炭学报，1999，24(1)：60～64.

[89] 李树刚．综放开采围岩活动影响下瓦斯运移规律及其控制[D]．徐州：中国矿业大学，1998.

[90] 李树刚，林海飞，成连华．综放开采支承压力与卸压与瓦斯运移关系研究[J]．岩石力学与工程学报，2004，23(19)：3288～3291.

[91] 梁运培．邻近层卸压瓦斯越流规律的研究[J]．矿业安全与环保，2000，27(2)：32～35.

[92] 梁运培．岩石水平长钻孔抽采邻近层瓦斯[J]．煤，2000，9(1)：6～9.

[93] 丁继辉，麻玉鹏，赵国景，等．有限变形下的煤与瓦斯突出的固流两相介质耦合失稳理论[J]．河北农业大学学报，1998，21(1)：74～81.

[94] 丁继辉，麻玉鹏，赵国景，等．煤与瓦斯突出的固流两相介质耦合失稳理论及数值分析[J]．工程力学，1999，16(4)：47～53.

[95] 刘建军．煤层气热-流-固耦合渗流的数学模型[J]．武汉工业学院学报，2002(2)：91～94.

[96] 骆祖江，陈艺南，付延玲．水、气二相渗流耦合模型的全隐式联立求解[J]．煤田地质与勘探，2001，29(6)：36～38.

[97] 林良俊，马凤山．煤层气产出过程中气-水两相流与煤岩变形耦合数学模型研究[J]．水文地质工程地质，2001(1)：1～3.

[98] 章梦涛，潘一山，梁冰．煤岩流体力学[M]．北京：科学出版社，1995.

[99] 蒋曙光，张人伟．综放采场流场数学模型及数值计算[J]．煤炭学报，1998，23(3)：258～261.

[100] 丁广骧，柏发松．采空区混合气运动基本方程及有限元解法[J]．中国矿业大学学报，1996，25(3)：21～26.

[101] 丁广骧．矿井大气与瓦斯三维流动[M]．徐州：中国矿业大学出版社，1996.

[102] 齐庆杰，黄伯轩．采场瓦斯运移规律与防治技术研究[J]．煤，1998，7(1)：29～31.

[103] 梁栋，黄元平．采动空间瓦斯运动的双重介质模型[J]．阜新矿业学院学报，1995，14(2)：4～7.

[104] 吴强，梁栋．CFD 技术在通风工程中的运用[M]．徐州：中国矿业大学出版社，2001.

[105] 李宗翔，孙广义，王继波．回采采空区非均质渗流场风流移动规律的数值模拟[J]．岩石力学与工程学报，2001，20(增2)：1578～1581.

[106] 李宗翔．综放工作面采空区瓦斯涌出规律的数值模拟研究[J]．煤炭学报，2002，(2)：173～178.

[107] 钱鸣高，许家林．覆岩采动裂隙分布的“O”形圈特征研究[J]．煤炭学报，1998，23(5)：466～469.

[108] 许家林，孟广石．应用上覆岩层采动裂隙“O”形圈特征抽采采空区瓦斯[J]．煤矿安全，1995，26(7)：2～4.

[109] 许家林，钱鸣高．地面钻井抽采上覆远距离卸压煤层气试验研究[J]．中国矿业大学学报，2000，29(1)：78～81.

[110] 钱鸣高，缪协兴，许家林，等．岩层控制的关键层理论[M]．徐州：中国矿业大学出版社，2000.

[111] 叶建设，刘泽功．顶板巷道抽采采空区瓦斯的应用研究[J]．淮南工业学院学报，1999，19(2)：32～36.

[112] 刘泽功．开采煤层顶板抽采瓦斯流场分析[J]．矿业安全与环保，2000，27(3)：4～6.

[113] 李树刚，钱鸣高，石平五．煤层采动后甲烷运移与聚集形态分析[J]．煤田地质与勘探，2000，28(4)：31～33.

[114] 李树刚．综放开采围岩活动及瓦斯运移[M]．徐州：中国矿业大学出版社，2000.

[115] 张铁岗．矿井瓦斯综合治理技术[M]．北京：煤炭工业出版社，2001：265～340.

[116] 谢生荣．综采工作面的瓦斯涌出规律及瓦斯涌出量的预测[D]．太原：太原理工大学，2005.

[117] 曲方，刘克功，赵洪亮，等．基于煤壁瓦斯涌出初速度的综掘工作面瓦斯涌出量预测[J]．煤矿安全，2004，35(8)：1～4.

[118] 曹垚林．综掘工作面瓦斯预测技术在平顶山矿区的应用研究[D]．北京：煤炭科学研究总院，2003.

[119] 赵益芳，张兆瑞，李有忠．利用速度法预测矿井新盘（采）区瓦斯涌出量的研究[J]．太原理工大学学报，2001，32(4)：347～351.

[120] 张兴华，李德洋，尚作铁，等．高产高效工作面的瓦斯涌出量预测方法及其应用[J]．煤矿安全，2001(4)：35～37.

[121] 陈大力．综掘工作面瓦斯预测技术的研究[J]．煤矿安全，2001(8)：4～7.

[122] 林柏泉，张建国．矿井瓦斯抽放理论与技术[M]．徐州：中国矿业大学出版社，1996.

[123] 俞启香．矿井瓦斯防治[M]．徐州：中国矿业大学出版社，1992.

[124] Bibler C J, Marshall J S, Pilcher C R. Status of worldwide coal mine methane emissions and use[J]. International Journal of Coal Geology, 1998, 35(1～4): 283～310.

[125] Thakur P C, Little H G, Karis G W. Global coalbed methane recovery and use[J]. Energy Conversion and Management, 1996, 37(6~8): 789~794.

[126] Karp I N. Coal-bed methane in Ukraine: Facts and prospects[J]. Fuel and Energy Abstracts, 1995, 36(6): 418.

[127] Ogilvie M L. Gas drainage in Australian underground coal mines[J]. Mining Engineering, 1995, 47(4): 50~52.

[128] Kavonic M F. Methane drainage at Majuba Colliery[J]. Journal of Mine Ventilation Society of South Africa, 1990, 43(11): 202~213.

[129] Zupanick J A. Coal mine methane drainage using multilateral horizontal wells[J]. Mining Engineering, 2006, 58(1): 50~52.

[130] Aul George, Ray Richard Jr. Optimizing methane drainage systems to reduce mine ventilation requirements [J]. Proceedings of the US Mine Ventilation Symposium, 1991: 638~646.

[131] Trevits M A, King R L. Vertical borehole methane drainage system for mining operations [R]. Mini Symposium-Society of Mining Engineers of AIME, 1983, (83-COAL-01): 55~61.

[132] Mills R A, Stevenson J W. Improved mine safety and productivity through a methane drainage system[C]//Proc. 4th US Mine Vent Symp., 1988: 477~483.

[133] Morgan B G. Developments in methane drainage techniques in the south Wales area[J]. Mining Engineer (London), 1974, 34(167): 81~95.

[134] Thakur P C. Methane drainage from gassy mines-a global review[C]//Proc. of the 6th Int. Mine Vent. Congr., 1997: 415~422.

[135] Flores R M. Coalbed methane: From hazard to resource[J]. International Journal of Coal Geology, 1998, 35(1~4): 3~26.

[136] Kirchgessner D A, Masemore S S, Piccot S D. Engineering and economic evaluation of gas recovery and utilization technologies at selected US mines[J]. Environmental Science and Policy, 2002, 5(5): 397~409.

[137] Sergeev I V, Zaburdyaev V S. Prospects for the development of methane recovery from coal-containing strata[J]. Bezop. Tr. Prom-sti. (Russian), 1997(7): 2~8.

[138] 程远平，俞启香，袁亮，等．煤与远程卸压瓦斯安全高效共采试验研究[J]．中国矿业大学学报，2004，33(2)：132~136.

[139] 程远平，付建华，俞启香．中国煤矿瓦斯抽采技术的发展[J]．采矿与安全工程学报，2009，26(2)：127~139.

[140] 王魁军，许昭泽，王建国．提高本煤层瓦斯抽放的新方法——交叉钻孔预抽本煤层瓦斯试验研究[J]．煤矿安全，1996(2)：38~41.

[141] 温百根．高瓦斯煤层群综采面瓦斯涌出分布规律[J]．中国矿业，2008，17(9)：93~95.

[142] 杨胜强，俞启香，王钦方，等．单元法测定瓦斯分布及旋转射流驱散积聚瓦斯[J].

中国矿业大学学报，2003，32(5)：530～533.

[143] 王义江，杨胜强，许家林，等．阳泉三矿大采长综放工作面瓦斯涌出特征分析[J]．河南理工大学学报（自然科学版），2007，26(1)：11～15.

[144] 谢生荣，何富连，张守宝，等．尾巷超大直径管路横接采空区密闭抽采技术[J]．煤炭学报，2012，37(10)：1688～1692.

[145] 梁运培，孙东玲．岩层移动的组合岩梁理论及其应用研究[J]．岩石力学与工程学报，2002，21(5)：654～657.

[146] 梁栋，周西华．回采工作面瓦斯运移规律的数值模拟[J]．辽宁工程技术大学学报，1999，18(4)：337～341.

[147] 许家林，钱鸣高．岩层采动裂隙分布在绿色开采中的应用[J]．中国矿业大学学报，2004，33(2)：141～144.

[148] 郝志勇，林柏泉．基于 UDEC 的保护层开采中覆岩移动规律的数值模拟与分析[J]．中国矿业，2007，16(7)：81～85.

[149] 黄志安．近距离高瓦斯煤层综采面瓦斯抽放理论与应用研究[D]．北京：北京科技大学，2006：64.

[150] 陈晓祥，谢文兵．岩层移动模拟研究中模拟下边界位置的确定[J]．西安科技大学学报，2007，27(1)：20～25.

[151] 陈晓祥，谢文兵．采矿过程数值模拟左右边界的确定[J]．煤炭科学技术，2007，35(4)：97～99.

[152] 王福军．计算流体动力学分析[M]．北京：清华大学出版社，2004.

[153] 傅德薰，马延文．计算流体力学[M]．北京：高等教育出版社，2004.

[154] 淮南矿业（集团）有限责任公司，煤炭科学研究总院重庆分院，澳大利亚联邦工业科学院．地面钻井抽放采动区域瓦斯技术研究[R]，2006.

[155] 胡千庭，梁运培，刘见中．采空区瓦斯流动的 CFD 模拟[J]．煤炭学报，2007，32(7)：719～723.

[156] 游浩，李宝玉，张福喜．阳泉矿区综放面瓦斯综合治理技术[M]．北京：煤炭工业出版社，2007：86～89.

[157] 俞启香，程远平，蒋承林，等．高瓦斯特厚煤层煤与卸压瓦斯共采原理及实践[J]．中国矿业大学学报，2004，33(2)：127～131.

[158] 夏红春，程远平，柳继平．利用覆岩移动特性实现煤与瓦斯安全高效共采[J]．辽宁工程技术大学学报，2006，25(2)：168～171.

[159] 许家林，钱鸣高，覆岩采动裂隙分布特征的研究[J]．矿山压力与顶板管理，1997，3(4)：210～229.

[160] 钱鸣高．煤炭的科学开采及有关问题的讨论[J]．中国煤炭，2008，34(8)：5～20.